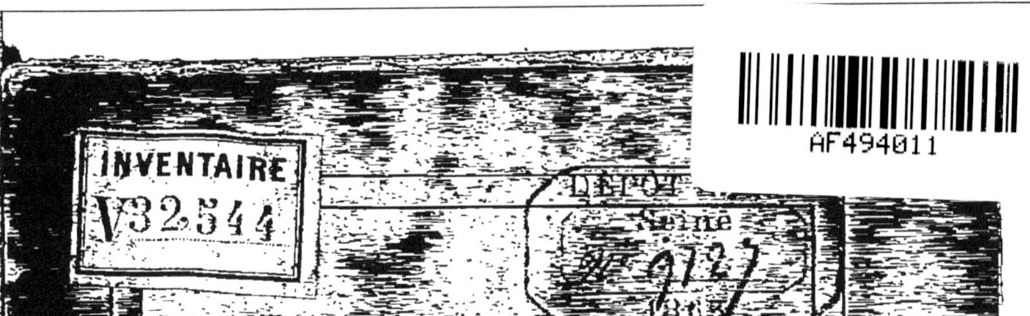

L'ASTRONOMIE VULGARISÉE

A L'USAGE

DES ÉCOLES ET DES CAMPAGNES

PAR

A. BOILLOT

Ex-attaché à l'Observatoire de Paris.

PARIS

LIBRAIRIE CLASSIQUE DE PAUL DUPONT

Rue de Grenelle-Saint-Honoré, 45

1864

L'ASTRONOMIE VULGARISÉE

Clichy. — Impr. de Maurice Loignon et Cie, rue du Bac-d'Asnières, 12.

L'ASTRONOMIE

VULGARISÉE

A L'USAGE

DES ÉCOLES ET DES CAMPAGNES

PAR

A. BOILLOT
Ex-attaché à l'Observatoire de Paris.

PARIS
LIBRAIRIE CLASSIQUE DE PAUL DUPONT
Rue de Grenelle-Saint-Honoré, 45

1864

PRÉFACE

L'opinion générale, qui tend à faire considérer l'astronomie comme une science très-difficile à apprendre, n'a en aucune façon influencé la résolution que nous avons prise de faire un livre très-court, résumant l'ensemble des connaissances qui forment cette belle science. La difficulté était pour nous dans la simplicité et la clarté d'une exposition sommaire, destinée aux personnes qui ne possèdent rien du bagage scientifique nécessaire à l'étude d'une science aussi étendue. C'est dire que ce livre est destiné à ceux qui, n'ayant ni l'intention ni le pouvoir d'apprendre spécialement l'astronomie, veulent cependant acquérir sur elle des données justes et précises. D'après cette déclaration formelle, nous pensons que certains chapitres, le XIVe, par exemple, ne paraîtront pas tout à fait indignes de fixer un moment l'attention de ceux qui se vouent par inclination à la propagation des saines doctrines.

Les principes de l'astronomie ont toujours paru inabordables au commun des hommes ; on s'est constamment figuré que des connaissances spéciales, en mathématiques, surtout, étaient indispensables pour entreprendre une étude dont l'attrait a toujours captivé les imaginations. Cette opinion est vraie en elle-même ; il est certain que, pour devenir astronome, il faut joindre aux procédés des sciences exactes la pratique des méthodes astronomiques : il faut unir à l'exécution de longs et difficiles calculs, l'usage des instruments de précision dus aux progrès modernes. Mais, sans prétendre au titre d'astronome si lourd à porter, quoique encore assez commun, n'est-il pas possible à chacun d'acquérir des notions justes et exactes sur les principes de la science ? Ne peut-on pas représenter les différentes phases qui caractérisent les phénomènes universels, posséder les notions physiques qui concernent l'organisation des mondes, et concevoir les méthodes qui ont porté les observations à un si haut degré d'exactitude, sans qu'il soit nécessaire d'être savant? On peut répondre affirmativement à cette question; on peut assurer qu'il est possible de tracer un exposé des résultats de cette science de manière à en faire comprendre le sens à tout le monde. Il y a loin de là certainement à la complète intelligence des phénomènes et à la possession entière de toutes les ressources offertes par le progrès à celui qui se livre spécialement aux investigations des lois naturelles. On peut envisager la question sous deux aspects divers : ou bien on veut se proposer uniquement une exposition des résultats, sans entrer dans aucune démonstration ni explication, ce qui est simplement un programme, ou bien on veut se rendre compte des faits par des moyens simples, naturels, de façon à conserver dans l'esprit des impressions capables de satisfaire la curiosité, si légitime en pareille matière. C'est cette dernière idée que nous avons cherché à réaliser, sans cependant nous flatter d'avoir réussi.

Dans un siècle comme est le nôtre, où l'on demande incessamment à la science de nouvelles ressources, où chaque jour les exigences de l'industrie lui impriment une direction toute mercantile, il n'est permis à personne d'ignorer les principales théories, et d'avoir des idées fausses ou arriérées sur toutes les grandes divisions scientifiques. C'est un besoin actuel de l'instruction primaire que d'initier les enfants à toutes les branches de nos connaissances, comme si, ne devant plus jamais en entendre parler, il fallait les prémunir contre les écarts inévitables qui viendraient dans la suite les punir de leur ignorance. Dans tous les cas, c'est au moins une précaution fort utile, aussi bien pour l'enfant qui est destiné à entrer dans la carrière des sciences que pour celui qui doit recevoir seulement les premiers enseignements du jeune âge; car le premier n'entrera pas en étranger dans le domaine scientifique; la route étant frayée pour lui, il manifestera mieux ses aptitudes; et le second en saura assez pour promener avec connaissance de cause ses regards sur les phénomènes naturels, sans craindre qu'aucun de ces préjugés vulgaires, si difficiles à déraciner, vienne s'emparer de son esprit; son intelligence possédera les bases sur lesquelles sont fondées la rectitude d'un bon jugement et une raison solide.

C'est à ce point de vue surtout que la vulgarisation de la science a une haute portée : si on parvient à faire comprendre l'utilité d'une instruction scientifique primaire, on aura beaucoup fait pour le bonheur de l'humanité, parce qu'alors une grande idée dominerait celle du progrès industriel : c'est celle qui consiste à former les hommes en leur donnant une véritable valeur intrinsèque.

Envisageant la question d'un autre côté, les aspirations de l'imagination trouveraient leur compte dans un enseignement populaire. L'astronomie transporte par la pensée au milieu des nébuleuses, et apprend qu'elles donnent naissance à des soleils nouveaux, centres de mondes en voie de formation, ayant des dimensions colossales par rapport à notre système solaire, et placés à des distances dont on ne saurait se faire une idée. On est forcé d'admirer cette variété curieuse dans la disposition des astres multiples tournant les uns autour des autres, et donnant à leurs planètes ce spectacle piquant de plusieurs soleils alternant leurs feux aux couleurs variées, en les prodiguant simultanément aux mondes obscurs qui circulent vraisemblablement en très-grand nombre dans leur sphère d'activité.

Ainsi, de quelque manière qu'on l'envisage, l'astronomie répond fructueusement à toutes les demandes qui lui sont adressées; elle n'est stérile pour personne. La navigation et la géographie, si utiles au commerce et à l'industrie, lui demandent un concours continuel ; la raison s'inspire à sa source pour trouver un appui solide aux vérités morales, et l'imagination en fait son profit et trouve un frein pour l'arrêter dans ses égarements.

INTRODUCTION

DÉFINITION DE L'ASTRONOMIE; COMMENT LA DIVISE-T-ON?

L'*Astronomie* est la science des *astres*, des *corps célestes* répandus dans l'*espace*. Cette science s'occupe de rechercher les mouvements du *soleil*, de la *lune*, des *planètes*, des *comètes*, etc., ainsi que de la détermination de leurs distances, de manière à pouvoir dire, à un instant donné, la place occupée dans le ciel par un astre quelconque. En astronomie, on cherche aussi à connaître la constitution physique des corps célestes; c'est-à-dire quelle est leur nature matérielle; s'ils sont plus lourds ou plus légers que la terre; s'ils occupent un volume moindre ou plus considérable que notre globe; s'ils ont des atmosphères qui les enveloppent, comme l'air que nous respirons, etc.

Enfin, les astronomes cherchent encore de nouveaux astres; tels que comètes, planètes, etc.

Nous devons donc faire une remarque essentielle: c'est que l'astronomie se présente sous deux aspects bien caractérisés: elle affecte la forme *mathématique* lorsqu'elle s'applique à la recherche des mouvements des corps célestes, à celle de leurs dimensions, etc.; elle devient *astronomie physique* quand elle s'occupe de la nature, de la constitution des astres et de leur formation. Les observations se divisent par conséquent : 1° en observations méridiennes, parce qu'elles consistent à fixer les positions des astres au moment où ils se trouvent dans le plan *méridien*, par leurs *ascensions droites* et leurs *déclinaisons*, comme nous le verrons plus tard; 2° en observations *extra-méridiennes* ou en dehors du méridien, afin de suivre un corps céleste dans tout son parcours visible. Elles permettent d'étudier la constitution physique du soleil, de la lune, des planètes, des comètes, etc. ; de rapporter les positions de ces dernières et des astéroïdes à celles des étoiles voisines; d'apprécier les variations d'éclat de certaines étoiles; d'étudier les mouvements relatifs des étoiles multiples; de dresser des cartes célestes, etc.; 3° enfin en observations sur la constitution physique faites au moyen des lunettes astronomiques et des télescopes, en faisant usage de grossissements aussi forts que possible. Les observations méridiennes, celles concernant la recherche des planètes et des comètes, servent à l'astronomie mathématique; il en est de même des observations des étoiles doubles ou multiples, et généralement de toutes celles relatives à la fixation des positions sur la voûte du ciel. Les autres regardent l'astronomie physique. Certaines observations, comme celles des éclipses, des réfractions atmosphériques, etc., sont du domaine de l'astronomie générale. Ces distinctions, du reste, n'ont rien d'absolu, mais elles caractérisent les deux genres d'aptitudes qui divisent les astronomes en observateurs et en géomètres.

L'ASTRONOMIE VULGARISÉE

CHAPITRE PREMIER

Abrégé de l'histoire de l'astronomie, depuis les temps anciens jusqu'à nos jours. — Planètes connues des anciens. — Origine de la semaine. — Fables relatives à l'astronomie. — Connaissances des Indiens ; durée de l'année · orientation des pagodes. — L'astronomie en Chine ; usage de la boussole ; décadence ; préjugés. — Que savaient les Chaldéens? Hermès ; Atlas. — Que connaissaient les Egyptiens? Durée de l'année ; Gnomons ; Pyramides ; les prêtres égyptiens. — L'astronomie en Grèce ; Hercule ; sphère importée de l'Asie, sa division. — Thalès. — Anaximandre. — Pythagore. — Méton ; nombre d'or. — Opinion de Démocrite et de Platon. — Aristote. — Ecole d'Alexandrie : Aristarque ; Eratosthème ; sa méthode pour mesurer la terre ; Conon ; Appollonius de Perge (Archimède de Syracuse) ; Hipparque ; éclipses ; catalogue d'étoiles ; durée de l'année ; inégalité des jours ; distance de la lune à la terre. — Réforme du calendrier sous Jules César. — Ptolémée ; son système ; éviction ; Almageste. — Fin de l'école d'Alexandrie. — Alphonse X. — Roger Bacon. — Regiomontanus.

L'origine de l'astronomie remonte à la plus haute antiquité. Les besoins de la civilisation, toujours plus pressants, forcèrent de bonne heure les hommes à mettre en usage les ressources naturelles. Le commerce prenant de l'extension, il fallait pouvoir se diriger, afin d'explorer les pays inconnus et lier les relations qui permettaient aux différents peuples d'échanger les productions diverses que la nature variait avec le sol.

Mais les étoiles du firmament pouvaient seules diriger le voyageur, tandis que la marche du soleil était nécessairement étudiée pour faire prévoir les retours des différentes saisons.

Parmi les étoiles dont les positions relatives restaient

invariables, on remarqua bien vite ces astres que l'on appelle *planètes* et dont les positions sont continuellement variables. Les anciens en connaissaient cinq, savoir : *Mercure*, *Vénus*, *Mars*, *Jupiter* et *Saturne*, lesquelles formaient, avec le *Soleil* et la *Lune*, un total de sept astres, sans y comprendre *Terre* la, ayant des *mouvements propres*, c'est-à-dire indépendants de la *rotation générale diurne*, s'effectuant, en apparence, autour de la terre pendant la durée d'un jour. Ces sept astres ont donné leurs noms aux sept jours de la semaine, et cet ordre a été conservé chez les Chinois, les Indiens et les Égyptiens, sans qu'on en connaisse la base.

Ce fait indique qu'un peuple plus ancien que ceux-ci avait introduit ces connaissances au sein des autres peuples de l'Asie.

Mais, à ces époques reculées, où les moyens de transmission résidaient dans les traditions et les hiéroglyphes, on conçoit sans peine que de fausses interprétations aient pu donner naissance au grand nombre de fables se rattachant aux phénomènes célestes. Ainsi, les neuf mois de l'année pendant lesquels l'homme s'occupe des travaux de la terre étaient représentés par les neuf Muses, tandis que les trois Grâces étaient le symbole des trois autres mois, du plaisir et du repos. Le soleil avait pour représentant Hercule, dont les douze travaux indiquaient les douze signes du zodiaque.

A côté des erreurs les plus grossières et d'une complète ignorance sur les causes des phénomènes, on remarque néanmoins certaines connaissances assez justes, chez les Indiens, à partir d'une époque très-reculée. Ainsi, ils avaient fixé la durée de l'année à 365 jours

5 heures 31 minutes 15 secondes, valeur presque égale à celle adoptée de nos jours; il n'y a guère plus de 7 minutes de différence. L'orientation des pagodes vers les quatre points cardinaux, et le calcul à peu près exact qu'ils faisaient des éclipses, sont des preuves incontestables de leur savoir.

Les Chinois connaissaient en 2952 avant J.-C., à l'époque de l'empereur Fohi, les moments des solstices; et du temps de Hoang-Ti, 2697 avant J.-C., les historiens parlent d'un instrument qui indiquait les points cardinaux sans avoir besoin d'inspecter le ciel; cet instrument était probablement la boussole. La première éclipse dont l'histoire fasse mention eut lieu sous le règne de Chou-Kang, 2169 ans avant J.-C. Cette observation donna le moyen de vérifier la chronologie chinoise. L'astronomie fut favorisée en Chine jusqu'à 500 ans avant J.-C.; mais ensuite, elle fut négligée, à ce point que, vers 246 avant J.-C., tous les livres de sciences furent brûlés par ordre de l'empereur. Quelque temps après, cependant, Lieou-Pang rétablit les observations astronomiques. Ce qui précède suffit pour prouver que les Chinois ont été très-avancés en civilisation depuis les temps les plus anciens. Mais ils sont retombés dans l'ignorance après l'expulsion qu'ils firent des Jésuites; et le caractère essentiellement stationnaire de ce peuple est cause qu'il considère encore maintenant les phénomènes astronomiques comme des signes de la volonté divine. Quoique leurs savants connaissent parfaitement les causes des éclipses, ils continuent à favoriser les anciennes cérémonies instituées en l'honneur de ces phénomènes.

Les Chaldéens savaient prédire les éclipses, tout en n'ayant que des idées fausses sur leur cause. Ils faisaient de la lune un astre moitié lumineux et moitié obscur; mais ils voyaient dans les comètes des espèces de planètes ou étoiles errantes. Ils avaient probablement mesuré notre globe, puisqu'ils disaient qu'on en ferait le tour en une année, en marchant sans s'arrêter. En 3360 avant J.-C., le Chaldéen Hermès importa l'astronomie en Éthiopie. La fable d'Atlas supportant le poids du ciel provient de ce qu'on lui attribue l'invention de la sphère.

Ce qui rend la chronologie égyptiennne difficile, c'est que l'année éprouva de grands changements. Les Égyptiens fixèrent la durée de l'année à 360 jours; ils la partagèrent en deux, trois, quatre et six mois. Cependant, les débordements du Nil, qui arrivaient périodiquement, firent que bientôt ils s'aperçurent de la trop courte durée donnée à l'année; ils y ajoutèrent d'abord cinq jours dits *épagomènes*, et ensuite un quart de jour en plus. La construction de Persépolis fut inaugurée par Schemsehid, le jour même où le soleil entrait dans le signe du Bélier; c'était le commencement d'une période astronomique. Toutes les obélisques de l'Égypte servaient de *gnomons;* c'est-à-dire que, par les longueurs des ombres solaires qu'elles projetaient, on estimait l'époque de l'année dans laquelle on se trouvait. Les pyramides d'Égypte étaient toutes orientées, suivant leurs faces, vers les quatre points cardinaux. Les Égyptiens n'ignoraient pas que la terre est ronde, et savaient pourquoi la lune a des phases et cause des éclipses. On a pensé que les prêtres égyptiens cachaient, avec leurs mystères, des connaissances très-étendues en astronomie, mais on a fini par reconnaître qu'ils n'en savaient pas plus que les autres nations ; seulement, ce qui établit et exagéra même leur réputation, c'est que les philosophes grecs allèrent étudier auprès d'eux pour rapporter dans leur pays les principes qu'ils avaient puisés à cette source.

On attribue à Hercule (primitivement Alcée) l'importation de l'astronomie en Grèce ; il y apporta la connaissance de la sphère, d'où prit naissance la fable des douze travaux. C'est d'Asie que cette sphère était originaire ; elle ne fut réformée qu'au temps d'Hésiode ; divisée en 12 mois de 30 jours chacun, et d'un mois intercalaire tous les deux ans, elle représentait une année encore inexacte et fut conservée ainsi jusqu'à Hérodote. Solon introduisit l'usage des mois pleins et caves, formés alternativement de 29 et de 30 jours.

Thalès de Milet, ville d'Ionie, fut le premier astronome grec. Il naquit en 641 avant J.-C., et alla étudier en Égypte. Il prédit les éclipses, détermina les solstices par les ombres des gnomons, et tâcha de trouver le rapport du diamètre du soleil à celui de son cercle autour de la terre.

Thalès eut pour disciple Anaximandre, auquel on attribue l'invention des cadrans, de la sphère et des cartes géographiques.

Pythagore, natif de Samos, voyagea dans l'Inde et en Égypte. Il supposait que la terre était habitée dans toutes les régions de sa surface, à cause de sa rotondité. Le premier, il avança que les planètes et la terre tournaient autour du soleil, celle-ci étant douée d'un mouvement de rotation qui causait l'apparence du mouvement diurne; mais, pour lui, le firmament était une voûte solide et sphérique.

Méton proposa à Athènes un cycle ou période de 19 années solaires répondant à 19 années lunaires augmentées de 7 mois intercalaires. Cette période était composée de 235 mois, parmi lesquels 110 avaient 29 jours et les autres 30. On lui donna le nom de *nombre d'or*.

La voie lactée était considérée par Démocrite comme étant un amas d'étoiles; et Platon pensait que le mouvement des astres, d'abord rectiligne, était devenu circulaire par l'action de la gravité.

Aristote fit quelques bonnes observations. En 340 avant J.-C., il observa une éclipse de Mars par la lune. Il combattit les idées de Pythagore, fut partisan des cieux solides, et admit l'uniformité du mouvement de son huitième ciel.

L'école d'Alexandrie devait produire de grands hommes. Les premiers de ses astronomes furent Aristylle et Timocharis; ils firent un assez grand nombre d'observations, dont Hipparque tira parti plus tard.

Aristarque observa aussi, mais en cherchant à se rendre compte de ses résultats : il trouva que le diamètre du soleil était la 720ᵉ partie de son orbite. Jusque-là on n'avait eu que des idées inexactes sur les dimensions de cet astre et sur sa distance à la terre. L'hypothèse du mouvement de notre globe adoptée par Aristarque fut repoussée par ses successeurs.

Le premier de ceux-ci est Ératosthène; sa méthode, pour mesurer le globe de la terre, a été mise en pratique comme étant exacte en théorie : elle est fondée sur la mesure de l'angle formé par deux verticales situées sur un même méridien. Il exécuta cette détermination en Égypte, où, par la nature de son sol, qui est plat, il trouva des facilités dont il sut profiter. En convertissant en mètres son résultat, donné en stades, on a 39,273,000 mètres au lieu de 40,000,000 qu'on a trouvé d'après les mesures les plus récentes.

Après Eratosthène, on peut citer Conon, Apollonius de Perge, puis Archimède. Ce dernier, qui ne faisait pas partie de l'école d'Alexandrie, et qui vivait à Syracuse 200 ans avant J.-C., construisit une sphère de verre dont les cercles représentaient les mouvements des 7 planètes connues.

Nous voici arrivés à Hipparque, le plus célèbre astronome de toute l'antiquité. Il prédit les éclipses qui devaient arriver dans un espace de 600 ans. Il fit un catalogue de 1026 étoiles, en fixant leurs positions avec autant de précision qu'on pouvait le désirer à cette époque. Il effectua une nouvelle détermination de l'obliquité de l'écliptique, c'est-à-dire de l'angle formé par la courbe apparente décrite annuellement par le soleil avec le plan de l'équateur; il adopta celle trouvée par Eratosthène; Hipparque mesura aussi la durée de l'année par l'intervalle qui sépare deux retours successifs du soleil au même solstice : ces observations l'amenèrent à mesurer l'inégalité des jours, et à la construction de tables dont il limita l'exactitude à 600 ans, n'ignorant pas les imperfections des moyens qu'il employait. Il étudia aussi le mouvement de la lune, et parvint à fixer, autant qu'il le pouvait, sa distance à la terre.

Le calendrier fut réformé par Jules César, et la durée de l'année fixée à 365 jours 1/4.

Ptolémée vivait à Alexandrie vers l'année 138 de J.-C. Son système astronomique fut adopté jusqu'à Copernic. Les planètes furent rangées dans l'ordre suivant, par rapport à leurs distances à la terre : la plus éloignée de nous était Saturne; ensuite venaient Jupiter, Mars, le Soleil, Vénus, Mercure et la Lune. Ptolémée plaçait la Terre immobile au centre; autour d'elle s'effectuait le mouvement diurne, indépendant du mouvement propre de chaque planète. Cet astronome découvrit une des inégalités du mouvement de la lune qu'on nomme *éviction*. Tous ses travaux, ainsi que ceux d'Hipparque et de ses prédécesseurs, font partie de son *Almageste*.

En l'année 650 de J.-C., l'école d'Alexandrie s'éteignit, à la suite de l'incendie de la bibliothèque de cette ville, ordonnée par le calife Omar.

Il faut maintenant franchir un espace de temps qui nous amène au XIIIe siècle, pour revoir l'astronomie cultivée. Le roi de Castille, Alphonse X, réunit tous les savants pour procéder à la formation de nouvelles tables appelées *alphonsines*, en 1252.

Roger Bacon voulait, en 1267, qu'on réformât le calendrier; sa proposition ne fut exécutée qu'en 1582, sous le pontificat de Grégoire XIII.

La science resta stationnaire pendant près de 200 ans; ce n'est que dans la seconde moitié du XVe siècle qu'elle donna de nouveaux signes de vie.

Jean Müller, ou Regiomontanus, était l'élève de Purbach. Après avoir voyagé en Italie, il revint à Nuremberg et travailla avec Waltherus, qui était très-riche. Müller fit un abrégé de l'*Almageste*, et publia le premier des éphémérides. Il observa la comète de 1472 dans le but de trouver sa distance à la terre.

Ici nous interrompons notre récit abrégé de l'histoire de l'astronomie, pour y revenir plus tard, lorsque nous aurons acquis des données suffisantes, pouvant nous faire apprécier à leur juste valeur les découvertes importantes qui changèrent complétement la face de la science.

CHAPITRE II

Astrologie. — Prétentions de cette science. — Astrologie judiciaire. — Les astrologues existaient en Chaldée, dans les Indes, en Egypte, en Grèce, chez les Romains; anecdote sur Tibère. — L'astrologie sous Louis XI; anecdote. — Pourquoi Louis XIII reçut-il le surnom de Juste? — Horoscope de Louis XIV. — Charles V le Sage, astrologue; maître Gervais; la Sorbonne contraire à l'astrologie. — Catherine de Médicis consultant les astres. — Astrologues principaux; Jean Stoffler; prédiction de la fin du monde; il prédit sa mort. — Le comte de Boulainvilliers et Voltaire.

L'ASTROLOGIE.

En jetant, comme nous venons de le faire, un rapide coup d'œil sur le passé, nous sommes forcé, pour compléter notre examen, de parler d'une science aussi vaine que fausse ; nous voulons parler de l'*Astrologie*.

Prédire les événements futurs en établissant entre le cours des astres et ces événements une liaison mystérieuse et fatale; établir une certaine dépendance entre les positions, les aspects des astres et la vie de l'individu, telle était la prétention des astrologues ; et l'autorité dont ils ont joui si longtemps n'a rien qui doive surprendre, car, en des temps d'ignorance, on devait croire aveuglément des hommes qui en étaient arrivés à une telle puissance de divination qu'en annonçant les éclipses avec certitude, ils se montraient en quelque sorte les confidents des mystères de l'infini. Combien ne devaient-ils pas mieux connaître ce qui se passait ici-bas, eux qui savaient tant de choses concernant les autres mondes ! Il était impossible de ne pas leur accorder la science infuse. Aussi l'astrologie a-t-elle l'ancienneté du monde ; on la voit en grande faveur chez les Égyptiens, chez les Hindous, etc. Elle a persisté chez nous jusqu'au règne de Henri IV, et il n'est pas certain que ses traces soient complétement effacées chez les nations européennes les mieux policées.

Cette science est à proprement parler l'*astrologie judiciaire* ; elle est aussi absurde que la crédulité humaine est grande. Ce qui fit sa vogue, c'est qu'elle est soumise à des faits positifs ; aussi les astrologues avaient-ils soin d'exploiter les événements pour les accommoder à leurs vues. Comme ils disaient vrai quelquefois, on était porté à croire qu'ils ne se trompaient jamais ; d'ailleurs, ils se tiraient toujours d'embarras, en alléguant une foule de circonstances qui venaient modifier leurs prophéties, en leur donnant un sens qu'ils arrangeaient à leur profit. On ne peut pas dire au juste quel est le peuple où l'astrologie prit naissance, mais ce qu'on sait de positif, c'est que les Chaldéens, les Indiens, les Egyptiens, les Grecs, les Romains, avaient leurs astrologues. Nous citerons à ce sujet un fait que nous empruntons à l'antiquité :

Pendant son exil à Rhodes, Tibère allait souvent sur un rocher élevé au bord de la mer.

Un certain astrologue, Thrasyllus, consulté en ce lieu par le futur empereur, lui prédit un superbe avenir et son avénement au trône des Césars. Tibère lui dit : « Puisque tu es si habile, pourrais-tu savoir combien il te reste de temps à vivre ? » L'astrologue, tout en regardant le ciel, n'avait pas perdu de vue son interlocuteur. Il répondit: «Je crois qu'à cette heure même je suis menacé d'un grand malheur.» C'est qu'il avait compris que Tibère avait l'intention de le faire précipiter dans la mer; mais celui-ci, le considérant comme un oracle, lui laissa la vie et lui accorda une grande confiance.

Le roi Louis XI, aussi superstitieux que cruel, cherchait continuellement à connaître l'avenir; tous les moyens lui étaient bons.

Un jour, il adressa cette question à un astrologue : « Toi qui sais tout, connais-tu l'instant de ta mort? — Je perdrai la vie trois jours avant Votre Majesté, » lui répondit le perspicace imposteur; la terreur que cette réponse inspira au roi valut la vie au magicien.

L'astrologie était si bien à la mode, que chaque prince, chaque seigneur, voulait avoir son astrologue. Elle assistait à la naissance des rois; on sait que Louis XIII reçut le surnom de Juste, parce qu'il naquit sous le signe de la *Balance*.

Un astrologue tirait l'horoscope de Louis XIV au moment de sa naissance.

Charles V, surnommé *le Sage*, faisait de l'astrologie son étude favorite. Le collége de *Maître Gervais*, rue du Foin-Saint-Jacques, à Paris, fut bâti par lui. Ce nom était celui d'un docteur qu'il s'était attaché avec le titre de *souverain médecin et astrologue*. Le pape Urbain V approuva cette fondation en y créant deux bourses, et en lançant l'anathème contre le téméraire qui oserait détourner cet établissement de sa destination. La *Sorbonne*, en remplaçant dans la suite l'enseignement de l'astrologie par celui de la théologie, dans ce collége qui dépendit d'elle, s'attira les foudres du pape.

Ce n'est qu'au XVIIe siècle que l'astrologie cessa d'être défavorisée par les rois ; et l'académie des sciences défendit, par ses règlements, à tous ses membres de s'occuper d'astrologie judiciaire et de la pierre philosophale.

Catherine de Médicis, qui avait fait prévaloir les superstitions italiennes, allait consulter les astres dans un observatoire situé près de la halle aux blés. C'est là sans doute qu'elle y prémédita la Saint-Barthélemy.

On compte parmi les astrologues, *Albert le Grand*, *Mathieu Lansberg*, *Nostradamus*, *Jean Stoffler*, etc. Ce dernier, qui vivait à Tubingen au XVIe siècle, était connu comme mathématicien. Sa célébrité fut gravement compromise par la prédiction qu'il fit d'un déluge universel devant arriver en février 1524. On fut d'autant plus effrayé, que cet homme avait acquis une grande réputation par le concours qu'il avait apporté à la réforme du calendrier. « Chacun prit des précautions, lisons-nous dans l'*Encyclopédie moderne* ; le plus pauvre avait un bateau tout prêt, le riche une galiote. Un docteur de Toulouse fit même fabriquer une arche pour lui, sa famille et ses amis ; bêtes et gens, chacun y avait sa place. Tous en furent pour leurs frais. Malheureusement pour le prophète, ce mois de février se passa sans qu'il tombât une goutte d'eau, quoique Saturne, Jupiter et Mars s'y trouvassent en conjonction dans le signe des Poissons. Jean Stoffler prit à la vérité sa revanche : il avait prédit qu'il mourrait d'une chute ; cette fois il rencontra juste. Comme il descendait dans sa bibliothèque, une planche qu'il ébranla en voulant prendre un in-folio pour s'appuyer d'une autorité lui tomba sur la tête, au fort de la discussion. Il en mourut quelques jours après, mais rétabli dans sa réputation. »

Le comte de Boulainvilliers, homme érudit, avait prédit que Voltaire mourrait à l'âge de trente-deux ans. « J'ai eu la malice de le tromper déjà de près de trente années, écrivait Voltaire en 1757, de quoi je lui demande humblement pardon. » On sait que Voltaire fut assez malicieux pour vivre jusqu'à quatre-vingt-quatre ans.

« L'*astrologie* n'est plus à la mode, dit l'*Encyclopédie* déjà citée, mais la passion qu'elle satisfit longtemps est encore dans toute sa vigueur; c'est à présent le tour des diseuses de bonne aventure et des magnétiseurs. Ce que nos pères voyaient dans le ciel, on le cherche aujourd'hui dans un jeu de cartes, dans le marc de café ou dans les rêves d'une somnambule. La sottise ne perdra jamais ses droits. »

CHAPITRE III

Ciel, sphère céleste. — Notions sur la sphère. — Premier aperçu du mouvement diurne; est; ouest; axe du monde; pôles; parallèles; équateur; nord et sud; méridien; verticale; zénith et nadir; cercles horaires ou de déclinaison; horizon rationnel et horizon sensible; méridienne.

Le *ciel* est l'espace infini qui, par un beau temps, s'offre à nos regards sous la forme d'une voûte bleue sphérique, parsemée pendant la nuit d'une multitude d'étoiles, parmi lesquelles on remarque d'autres corps célestes présentant des aspects divers.

Une sphère est représentée par le volume d'une orange ou d'une boule bien ronde. Tous les points de sa surface sont également éloignés du centre de la sphère, lequel est juste placé au milieu dans l'intérieur de l'orange ou de la boule. Cette distance au centre est le rayon de la sphère, et la ligne qui la perce de part en part en passant par le centre est un diamètre. Tous les diamètres d'une sphère sont égaux et doubles du rayon. Un grand cercle est déterminé par un plan qui passe par le centre; il coupe la sphère en deux parties égales ou en deux *hémisphères*. Les grands cercles sont tous égaux, et ont pour diamètre celui même de la sphère. Les petits cercles sont formés par des plans qui coupent la sphère sans passer par son centre. Ils sont d'autant plus petits qu'il sont plus éloignés du centre.

On ne tarde pas à s'apercevoir, en observant les

astres avec une médiocre attention, qu'ils paraissent tous animés d'un mouvement commun, comme si la sphère sur laquelle ils semblent situés tournait autour de nous.

C'est à l'examen de ce mouvement général du ciel que nous allons d'abord nous livrer, en le considérant tel que nous le donnent les apparences, c'est-à-dire, en le supposant réel; car il a fallu bien des siècles pour détruire cette sorte de fascination de la vue.

Si donc, pendant une belle nuit, on observe les étoiles, on les verra se mouvoir en conservant entre elles leurs distances respectives, surgir toutes d'un même côté à des heures différentes, s'élever jusqu'à un certain point culminant de leur trajet (le plus haut), puis redescendre en autant de temps qu'elles en ont mis à y parvenir, pour disparaître toutes successivement du même côté opposé à celui de leur lever. Elles décrivent ainsi diverses circonférences de cercle, parallèles entre elles, visibles en partie ou entièrement invisibles, mais toutes parcourues dans le même temps par chacune d'elles. On nomme *est*, *orient* ou *levant* le côté où les astres se lèvent; celui où ils se couchent, opposé au premier, s'appelle *ouest*, *occident* ou *couchant*.

Cette rotation de la sphère étoilée s'effectue autour de l'un de ses diamètres, qui est l'*axe du monde;* les extrémités, les points où ils percent la sphère, en sont les *pôles*.

A cause de l'immense éloignement où nous sommes des étoiles et des petites dimensions relatives du globe terrestre, celui-ci peut être considéré comme un point occupant le centre de l'univers.

Les plans des *parallèles* décrits par les étoiles sont tous perpendiculaires à l'axe du monde (ligne des pôles). Cela veut dire que cette ligne rencontre un de ces plans comme le ferait la direction d'un fil à plomb sur la surface d'un bassin d'eau tranquille. Parmi tous ces parallèles, il en est un plus grand que tous les autres, c'est le grand cercle nommé *équateur ;* il passe par le centre, par le milieu de la ligne des pôles. Percez une orange avec une broche qui la traverse en son milieu, et tracez sur la peau de l'orange, qui représente la surface céleste, des cercles parallèles et perpendiculaires à la broche, vous aurez les *parallèles;* celui d'entre eux qui partagera la surface en deux parties égales vous représentera l'équateur. Seulement, il faut supposer l'intérieur de l'orange vide, et ne considérer mentalement que la surface extérieure apparente.

A mesure que les étoiles s'éloignent de l'équateur, ou qu'elles se rapprochent des pôles, elles sont sur des parallèles de plus en plus petits. L'axe du monde passe donc par tous les centres des parallèles ; ses extrémités donnent la direction du *nord* ou *septentrion* et celle du *sud* ou *midi*. La première de ces directions correspond au pôle *boréal*, *septentrional*, ou *arctique;* elle est à gauche d'un observateur qui regarde l'est ; tandis que la seconde est à sa droite et répond au pôle *austral*, *méridional* ou *antarctique*.

Tous les grands cercles passant par l'axe du monde, se coupant suivant cette ligne, sont des *méridiens* célestes ; ils sont tous perpendiculaires à l'équateur. On peut se faire facilement une idée de la disposition des méridiens par celle des côtes d'un melon ; elles viennent toutes se couper en deux points diamétralement opposés représentant les pôles, tandis que la ligne qui les joindrait serait elle-même l'axe polaire, ou de rotation, ou du monde.

On a trouvé que la terre était ronde, ou à peu près; d'où il suit que, pour chaque point de sa surface, il existe un rayon nommé *verticale*, et dont la direction est donnée par celle du fil à plomb. En prolongeant cette verticale en-dessus, elle rencontre la voûte du ciel en un point qui est le *zénith* du lieu où l'on se trouve; le point diamétralement opposé en dessous (invisible) est le *nadir*. Or, on peut faire passer un méridien par la verticale d'un lieu quelconque; il relie la série des points culminants des étoiles, passe par les deux pôles, le zénith et le nadir. Il y a donc un même méridien pour tous les points du ciel situés dans un même plan passant par l'axe de rotation; et pour chaque méridien céleste, il y a un méridien terrestre correspondant, formé par le même plan, mais limité à la surface de la terre. Les méridiens célestes se désignent encore sous la dénomination de *cercles de déclinaison*, *cercles horaires;* nous verrons bientôt la raison de ces dénominations.

Quand, par suite du mouvement général d'orient en occident, ou autrement du *mouvement diurne*, les astres viennent successivement se placer dans le méridien, on dit qu'ils *passent au méridien*.

Pour chaque lieu de la terre, il existe encore un grand cercle dont le plan est perpendiculaire à la verticale, c'est l'*horizon* de ce lieu. L'horizon partage la sphère en deux parties égales; l'un de ces hémisphères est visible, l'autre est invisible. Si l'horizon est mené par le centre de la terre, il est appelé *horizon rationnel*, *réel* ou *mathématique*; celui tangent (touchant) à la surface est l'*horizon sensible*; il borne notre vue dans le ciel et sur la terre. Ces deux horizons sont parallèles et se confondent; car ils ne diffèrent entre eux que du rayon de la terre, lequel devient nul dans l'espace infini qui sépare le ciel et notre globe.

La *méridienne* d'un point de la terre est l'intersection du plan de son méridien avec l'horizon; c'est la trace de section de ces deux plans, lesquels sont nécessairement perpendiculaires l'un sur l'autre.

Tous les grands cercles de la sphère se coupant chacun en deux parties égales, il en résulte qu'une moitié de l'équateur est toujours au-dessus d'un horizon quelconque, tandis que l'autre moitié est au-dessous.

Il n'en est pas de même des parallèles; ces petits cercles sont généralement divisés en parties inégales par l'horizon.

CHAPITRE IV

Instruments d'astronomie. — Horloges : pendules. — Lunettes astronomiques notions sur les angles et le cercle. — Lunette méridienne ; micromètre. — Cercle mural. — Lunette parallatique. — Télescopes.

Avant d'aller plus loin, il est nécessaire d'établir ce que nous avons avancé jusqu'ici ; car nous ne pouvons, avec le secours de notre vue seule, que remarquer en gros les mouvements célestes. Il faut, pour en faire une étude sérieuse, pouvoir mesurer le temps, afin de déterminer les instants précis des observations. Cette mesure se fait au moyen des horloges. De plus, il est encore nécessaire, pour connaître la position d'un astre, de pouvoir donner au rayon visuel une direction connue, que l'on puisse fixer à volonté. Cette partie essentielle des observations astronomiques se fait maintenant avec des lunettes ou des télescopes, qui offrent l'avantage d'amplifier les objets, de leur donner des dimensions beaucoup plus grandes, tout comme si on se rapprochait d'eux.

Nous voilà donc amené à faire la description des horloges, des lunettes et des télescopes. Nous n'avons pas besoin de dire que les détails dans lesquels nous allons entrer sur les instruments astronomiques auront pour but de donner seulement des idées élémentaires, aussi claires qu'il nous sera possible ; des descriptions complètes ne peuvent trouver leur place ici.

Horloges. — La mesure du temps consiste à le diviser en intervalles égaux, assez petits pour pouvoir indiquer le commencement, la fin, ou une partie quelconque d'un fait ou d'un phénomène. L'instrument qui sert à marquer les divisions du temps s'appelle une *horloge*. Le moyen d'action qui s'est naturellement présenté est le mouvement. Mais tout mouvement exige une cause, une force pour le produire. Cette force réside dans un moteur formé par un poids attaché à une corde qui s'enroule sur une poulie. Un contre-poids moins pesant est attaché à l'autre extrémité de la corde et la tient tendue. Pour empêcher le poids moteur de tomber en s'accélérant, ce qui arriverait s'il était abandonné simplement à l'action de la pesanteur, on a imaginé un obstacle qui vient l'arrêter momentanément dans sa chute et à des intervalles égaux. On obtient de cette manière une suite de chutes dont les distances sont indiquées au moyen d'aiguilles, liées par des rouages à la poulie qui tourne par l'action du poids moteur.

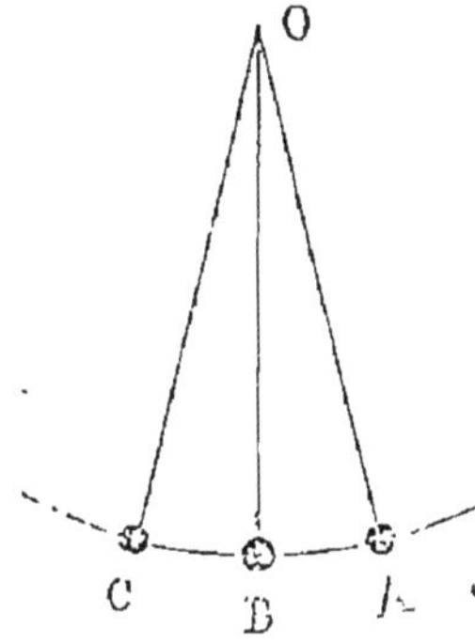

Le moteur n'est pas toujours un poids; dans les montres et les horloges des appartements, c'est un ressort contourné en spirale qui se détend peu à peu, et qui se trouve arrêté à des instants égaux, par un obstacle qui est un *pendule* pour les horloges. Le pendule est un corps pesant, une boule en cuivre, par exemple, suspendue à l'extrémité d'un fil O B ou d'une lame métallique très-flexible. Dans sa position de repos OB, il est vertical comme un fil à plomb; mais si on l'écarte un peu et qu'on le place en OA, alors il décrit un arc AC autour du point fixe O comme centre. Arrivé en C, il redescend et reviendrait jusqu'en A, sans le frottement de l'air et du point d'attache, causes qui finissent par l'arrêter. En un mot, le pendule oscille, et les demi-oscillations (telles que CA) sont toutes parcourues dans le même temps, pourvu qu'elles ne soient pas trop grandes, c'est-à-dire, pourvu que l'arc AC soit assez petit.

Dans les horloges, les oscillations du pendule sont dépendantes des chutes du poids moteur, ou des relâchements du ressort, par l'intermédiaire d'une pièce qui s'appelle *échappement*. Le pendule ne peut pas s'arrêter, parce que le moteur qu'il régularise lui donne de petites impulsions qui détruisent l'effet des frottements. Dans les horloges astronomiques, chaque battement du pendule donne une seconde de temps sidéral, indiquée sur le cadran par une aiguille. Deux autres y sont encore adaptées : l'une marque les minutes et l'autre les heures.

Lunette astronomique. — Qui n'a pas entre les mains une *loupe* en verre, grossissant les objets lorsqu'on regarde à travers? C'est une *lentille biconvexe*. Eh bien! la lunette astronomique se compose de deux de ces lentilles : l'une AB, la plus grande, se nomme *objectif;* elle se place en face de l'objet qu'on veut voir. L'autre CD, la plus petite, la loupe, se nomme *oculaire;* c'est contre elle qu'on approche l'œil pour voir l'image formée par l'objectif. Ces deux verres sont reliés ensemble par un tuyau métallique qui permet de manier l'instrument à volonté. L'objet EF étant très-éloigné, tous les rayons qu'il envoie sur la lentille objective AB peuvent être regardés comme étant tous parallèles entre eux. Ils se croisent en un point I de l'axe principal de cette len-

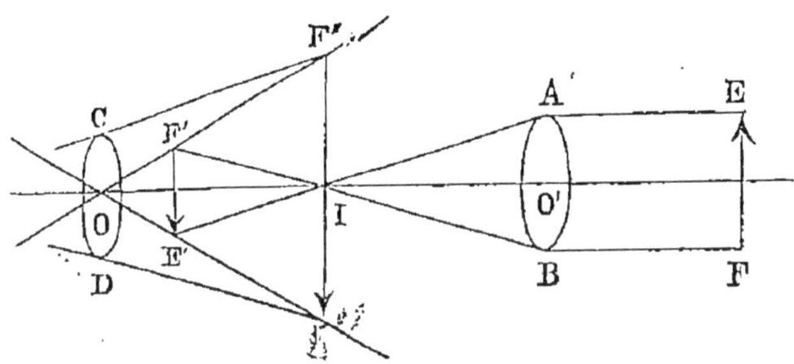

tille, et vont former au delà une image E' F' renversée. C'est cette image qui est grossie par la loupe CD, et qui fait voir la seconde image E''F'' de l'objet EF, dans une position renversée. Les centres O O' des deux lentilles déterminent la ligne OO' de visée ou l'axe de l'instrument. La direction de cette ligne est donnée par un cercle divisé, adapté à l'instrument, ce qui donne le moyen de mesurer les angles formés par ses positions diverses.

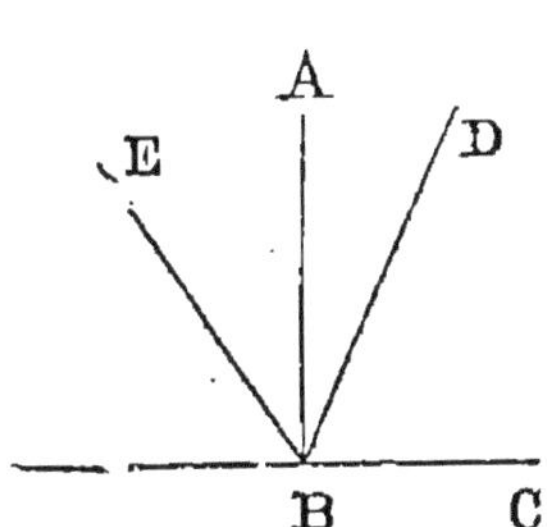

Un *angle* DBC est formé par l'écartement de deux lignes droites DB et BC qui se coupent en un point B. L'angle est *droit* comme ABC, quand les deux droites BC, AB se coupent sans pencher plus d'un côté que de l'autre. L'angle DBC, plus petit qu'un angle droit, est *aigu;* l'angle EBC, plus grand qu'un angle droit, est *obtus.*

Une circonférence de cercle ADBC a tous ses points également distants du centre O. Tous les rayons OA, OD, etc., sont égaux. COD est un diamètre; il est double du rayon. Deux rayons quelconques, OE, OD, forment un angle au centre EOD, mesuré par l'arc ED intercepté par ses côtés. La circonférence entière est divisée en 360 parties égales nommées degrés. Deux diamètres, AB, CD, perpendiculaires, divisent la circonférence en quatre parties égales AD, DB, BC, AC, appelées cadrans. Un cadran contient 90 degrés. Le degré est lui-même divisé en 60 parties égales qui sont des minutes, et chaque minute renferme 60 secondes. Un arc de 25 degrés 34 minutes 15 secondes, s'indiquera, 60° 34′ 15″. Les quatre angles droits formés au centre O contiennent 360 angles qui sous-tendent chacun un arc de 1°. Un angle renferme donc autant d'angles égaux que l'arc qu'il intercepte contient d'arcs égaux. Voilà pourquoi les angles se mesurent par les arcs décrits de leurs sommets comme centres, avec des rayons quel-

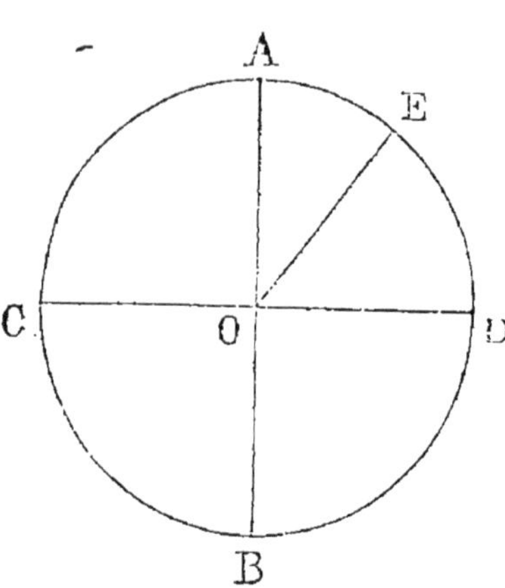

conques, ces arcs étant mesurés en degrés et parties de degrés, quelles que soient leurs grandeurs, c'est-à-dire les circonférences auxquelles ils appartiennent. Sur la sphère céleste, ces arcs sont ordinairement supposés appartenir à de grands cercles; quand le contraire a lieu, on a soin d'en faire mention.

La portion de l'espace visible dans une lunette s'appelle le *champ*.

Lunette méridienne. — Elle se compose d'une luneite AB mobile autour d'un axe horizontal CD, leqnel

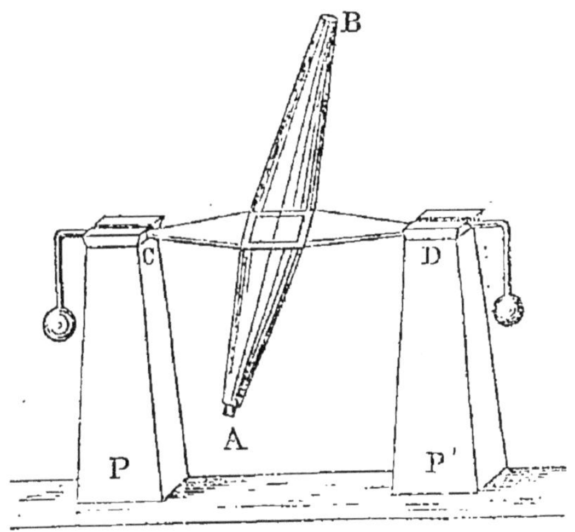

est enchâssé dans deux piliers P, P' inébranlables. L'axe optique AB de la lunette doit rester constamment dans le plan vertical, suivant toutes les positions qu'on peut donner à la lunette autour de son axe. On la fixe de telle façon, que ce plan vertical soit le méridien lui-même. Pour distinguer les différents points qui passent par l'axe optique de la lunette, on lui adapte un *micromètre*, formé d'un fil horizontal et de plusieurs fils verticaux dont celui du milieu est dans le plan méridien. Le complément de la lunette méridienne est une pendule sidérale.

Cercle mural. — Cet instrument est aussi composé d'une lunette AB, mobile dans un plan vertical, autour

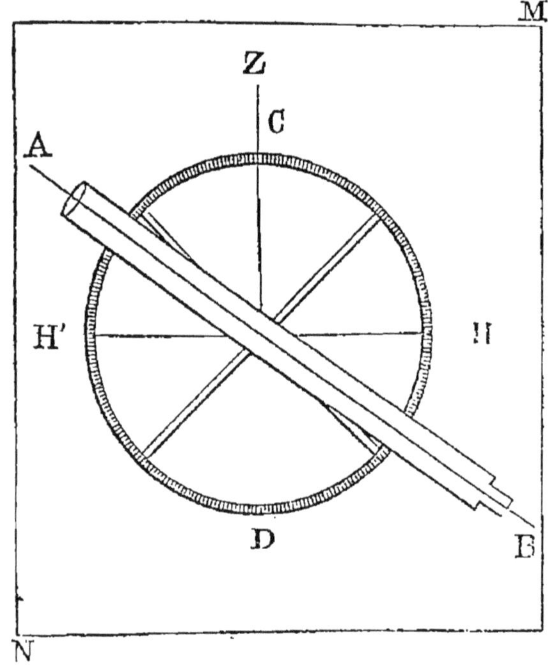

d'un axe horizontal fixé contre un mur MN. La marche de l'axe optique est indiquée par les divisions du cercle vertical CD. Le plan vertical du mouvement de l'axe est encore le méridien. Les divisions du cercle étant extrêmement petites, on dispose des microscopes (loupes) autour de son limbe, afin de pouvoir lire plus facilement. Le cercle mural est aussi armé d'un micromètre.

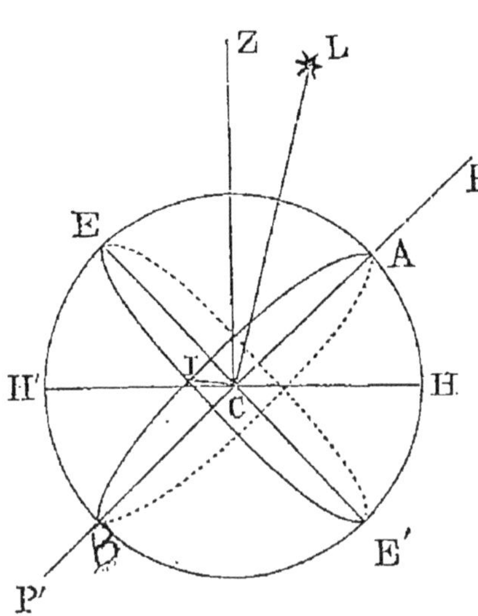

Lunette parallatique. — La ligne CL indique une lunette pouvant se mouvoir le long d'une circonférence AEBE' graduée, et au centre C de laquelle elle est fixée. Cette circonférence est mobile autour du diamètre AB, dans une position invariable donnée; elle entraîne la lunette avec elle. Un autre cercle E I E', perpendiculaire au premier et au diamètre AB, est aussi gradué. A cet appareil est adapté un mouvement d'horlogerie, destiné à faire tourner le cercle AEBE' en un temps donné (un jour sidéral). Au bas de l'axe PP' est encore adapté un autre cercle gradué et une aiguille pour indiquer les heures. Mais il est préférable d'avoir, comme pour la lunette méridienne, une pendule sidéraie à sa disposition.

Télescope de Grégori. — Cet instrument se compose d'un miroir NN sphérique en métal bien poli, percé son milieu A d'une ouverture circulaire. Un autre petit miroir sphérique *m*, ayant même axe AX que le grand, est mobile sur cet axe, et est supporté par la tige K, laquelle peut avancer ou reculer sur la paroi NT du tuyau. Le foyer du grand miroir est en F; c'est le point où viennent concourir, après leur réflexion, tous les rayons tombant comme RM sur le grand miroir paral-

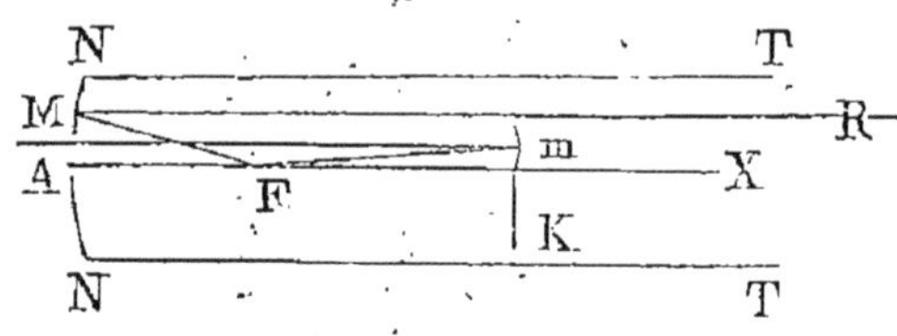

lèlement à l'axe AX. La distance F*m* est la distance focale du petit miroir; on peut toujours y amener celui-ci, en le faisant mouvoir au moyen d'une vis placée sur le tuyau NT. Un astre, envoyant des rayons sensiblement parallèles par l'ouverture TT, dirigée en face de lui, formera une image en F. Tous les rayons partant de ce dernier point, comme celui F*m*, pour frapper le petit miroir, s'y réfléchiront suivant des directions parallèles à AX, et par l'ouverture A, où on pourra appliquer une loupe.

Le télescope de Newton diffère du précédent, en ce que le petit miroir sphérique est remplacé par un petit miroir plan incliné de 45° sur l'axe.

CHAPITRE V

Mouvement diurne. — Hémisphères. — Passages au méridien. — Durée de la révolution diurne. — Aspect des parallèles par rapport aux divers horizons. — Temps sidéral. — Hauteur du pôle. — Démonstration des principes précédents au moyen de la machine parallatique.

Soit O le centre de la terre, dont le rayon est OS, PP′ l'axe monde, P le pôle nord et P′ le pôle sud, le

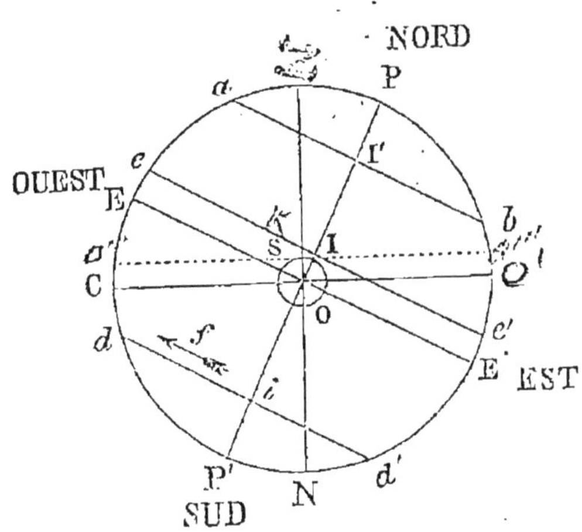

cercle PCP′O′ représente le méridien du point S de la surface de la terre. Pour ce point, la verticale ZON déterminera le zénith Z et le nadir N. L'équateur sera EE′

(les cercles sont indiqués par leurs diamètres, pour la simplicité de la figure) perpendiculaire à PP′, et l'horizon CO′ perpendiculaire à ZN. Les parallèles seront représentés par leurs diamètres *dd′*, *ee′*, *ab*, perpendiculaires à l'axe du monde, et leurs centres seront en *i*, I, I′.... Cela posé, il est clair que, pour un observateur placé en *s* dans l'hémisphère boréal, l'horizon C O′ coupera les parallèles en parties inégales. L'horizon réel est le plan tangent O″ O‴, qui ne diffère pas de C O′, puisque OS est très-petit par rapport à OZ infini. Il y aura de ces cercles, tels que *ab*, qui seront entièrement situés au-dessus de l'horizon ; les étoiles qui s'y trouveront ne cesseront pas d'être visibles, elles ne se coucheront pas. Le point culminant de l'astre qui parcourt le cercle *ab* est en *a*, c'est son *passage supérieur au méridien;* le point *b* est son *passage inférieur.* D'autres parallèles, comme *dd′*, entièrement placés sous l'horizon, étant invisibles, les étoiles qui le parcoureront ne se lèveront jamais. Celles situées sur le cercle *e k e′*, seront visibles pendant qu'elles décriront la partie *e k* de leur course ; elles resteront cachées dans l'autre porion *k e′*.

Les deux hémisphères déterminés par l'équateur sont, l'un *boréal*, contenant le pôle de ce nom, l'autre *austral.* Un méridien partage aussi la sphère en deux hémisphères; l'un *oriental*, l'autre *occidental.*

On voit facilement que, pour un habitant de l'hémisphère boréal E P E′, les astres sont au-dessous de son horizon dans la plus grande partie de leur course, laquelle va en diminuant à mesure qu'ils sont plus rapprochés de l'équateur; et, pour ce cercle, les deux parties visible et invisible sont égales. Dans l'hémisphère austral E P' E', et pour le même habitant, les portions des parallèles au-dessus de son horizon sont plus petites que celles au-dessous, et diminuent de plus en plus en s'éloignant de l'équateur. D'ailleurs, le mouvement commun emporte tous ces corps de l'orient à l'occident dans le sens de la flèche *f*, et leur fait décrire à tous une circonférence entière dans le même temps, appelé *durée de la révolution diurne*. Elle est de 24 heures en *temps sidéral*, estimé par le mouvement des étoiles. Ce qui fait qu'en une heure une étoile parcourt 15° de son parallèle; 15° sont la 24e partie des 360° de la circonférence entière. En une minute de temps sidéral, 15' (minutes) de degré seront parcourues, et 15" (secondes) de degré seront décrites en une seconde de temps.

Les vitesses sont donc d'autant plus grandes que les parallèles sont eux-mêmes plus grands; et, pour les étoiles de l'équateur, la vitesse a son maximum d'intensité.

On nomme *hauteur du pôle* sur l'horizon l'angle P O O' mesuré par l'arc de grand cercle P O', que l'axe du monde fait avec l'horizon. Cette hauteur est la même pour tous les points d'un même parallèle; elle change d'un parallèle à l'autre. En général, la *hauteur d'une étoile* sur l'horizon est l'angle formé avec le plan horizontal et le rayon visuel dirigé sur cette étoile.

Nous allons constater, au moyen de la machine parallatique, ce que nous avons dit concernant la révolution diurne (voir la figure y relative). Le diamètre A B est fixé dans la direction de l'axe du monde. Par conséquent, le cercle EIE′ est dans le plan de l'équateur céleste. Plaçons la lunette en CE, et faisons tourner le cercle AEBE′ sur AB, pour lui donner une position quelconque AIB : si la lunette qui a reçu la position CI est dirigée vers quelque étoile, on verra que, pour suivre le mouvement de l'astre, il ne faut pas la sortir du plan EIE′, mais faire tourner uniformément le cercle AIB. Au bout d'un certain temps, le cercle EIE′ aura été parcouru; l'étoile et la lunette se retrouveront dans la direction CI. C'est ce temps que l'on nomme *jour sidéral*, et qu'on divise en 24 heures, chacune de 60 minutes, et la minute en 60 secondes. C'est ainsi que l'on peut constater que des arcs égaux sont parcourus par les étoiles en des temps égaux; c'est-à-dire, qu'en chaque heure, l'étoile et la lunette décrivent un arc de 15°. On reconnaît aisément que, non-seulement l'équateur EIE′, mais encore tous les parallèles sont décrits dans le même temps par les étoiles. Pour cela, dérangeons la lunette de sa coïncidence avec CE ou CI, et visons une étoile L en dehors de l'équateur. Pour la suivre dans toutes ses positions, il faudra laisser la lunette correspondre au point L de la graduation du méridien AEBE′, c'est-à-dire laisser l'angle LCE invariable. La marche du mouvement indiquera que des arcs égaux du cercle EIE′ sont décrits en des temps égaux. Ces arcs mesurent les angles formés par le plan AEBE′ dans ses diverses situation AIB, etc., et répondent à des arcs de parallèles d'un même nombre de divisions de la circonférence. L'angle LCE demeurant constant pour une même étoile, elle reste donc à la même distance du plan EIE′ prolongé indéfiniment. Le rayon CL décrit un cône dont PP′ est l'axe et dont l'étoile parcourt la circonférence de la base d'un mouvement uniforme. Les graduations sur le cercle EIE', correspondantes à différentes étoiles, seront les mêmes pour toutes dans le même temps, quels que soient les cercles qu'elles décrivent.

CHAPITRE VI

Coordonnées. — Ascensions droites et déclinaisons. — Usage de la lunette méridienne et du cercle mural; détermination de la hauteur du pôle. — Longitudes et latitudes terrestres ou géographiques.

Soient PP′ l'axe du monde, EIE′ l'équateur et PIP′ un méridien qui passe par un point I de l'équateur fixé une fois pour toutes. (Ce point est celui qui correspond à l'équinoxe du printemps.) Il s'agit de déterminer la position d'une étoile S prise sur la voûte du ciel.

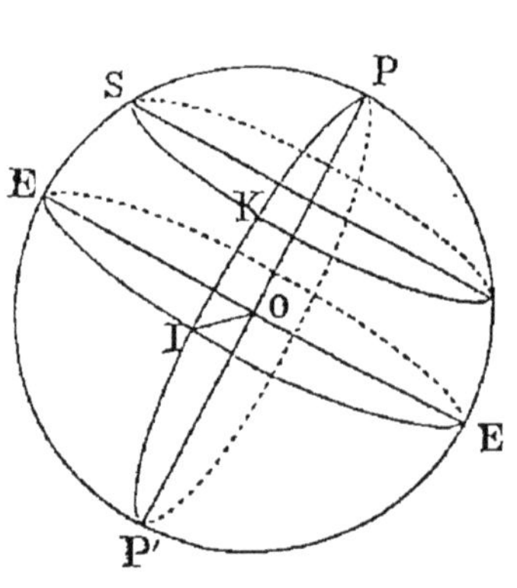

On imaginera le méridien PSEP′E′ de l'étoile, lequel rencontre l'équateur en E. On voit clairement que la question se réduit à trouver l'arc IE de l'équateur, qu'on appelle *ascension droite*, et l'arc SE du méridien de l'étoile, qu'on nomme *déclinaison*. L'ascension droite d'un astre est dans l'arc de l'équateur compris entre le point de ce cercle, pris pour origine, et son point de rencontre avec le méridien de l'astre; sa déclinaison est l'arc de son méridien qui le sépare de l'équateur. Il est nécessaire d'ajouter à la déclinaison la dénomination de *boréale* ou celle d'*australe*, suivant qu'elle est prise dans l'un ou l'autre hémisphère; quant à l'ascension droite, elle se compte depuis le point I jusqu'à 360°, ou depuis zéro temps jusqu'à 24 heures, toujours dans le même sens, celui de l'occident à l'orient. Il est clair qu'en évaluant en temps l'arc I E qui mesure l'angle I O E, on aurait pour l'ascension droite un temps qui serait une partie de 24 heures exprimée par le rapport de l'arc I E à 360°; ce rapport serait encore le même en mesurant l'ascension droite sur le parallèle décrit par l'astre; elle serait représentée par l'arc S K, ou par le temps employé pour parcourir cet arc : car on sait que l'équateur et ses parallèles mettent tous le même temps à effectuer une révolution entière ou pour décrire le même nombre de degrés sur leurs circonférences respectives. La lunette méridienne, ou instrument des passages, sert à mesurer les ascensions droites; on prend l'heure exacte de la pendule sidérale, à l'instant où l'astre passe au méridien ou à la croisée des fils du micromètre.

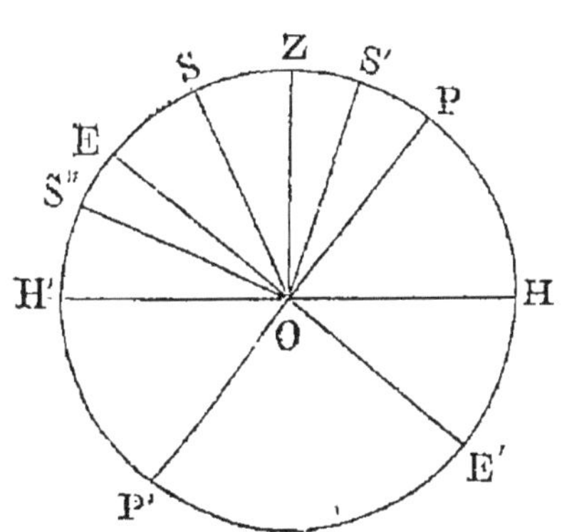

Nous supposerons un observateur placé sous le méridien représenté par le cercle de la figure. Sa position répond au point Z, qui est son zénith, OZ est sa verticale et HH′ son horizon. PP′ étant l'axe du monde et EE′ l'équateur, les angles EOP, ZOH sont droits. Si on en retranche l'angle commun ZOP, les restes EOZ, POH seront égaux, c'est-à-dire que la distance ZE du zénith à l'équateur est égale à la hauteur du pôle. L'étoile S a pour déclinaison l'arc SE, qui mesure l'angle SOE. Or, l'angle SOH, moins celui POH, donne l'angle SOP complément de la déclinaison. On obtiendra donc celle-ci, en retranchant la hauteur du pôle de la hauteur de l'étoile sur l'horizon, lors de son passage au méridien. On voit encore qu'elle a pour valeur SOH′ diminué de EOH′, c'est-à-dire que la déclinaison d'un astre est égale à sa hauteur diminuée de celle de l'équateur. Si l'étoile était en S′, il en serait exactement de même. Mais si elle était en S″ dans l'hémisphère austral, sa hauteur S″OH, diminuée de celle POH du pôle nord, donnerait l'angle S″OP, égal à POE ou 90°, plus la déclinaison australe S″OE. Ou bien encore, la déclinaison australe EOS″ est égale à la hauteur équatoriale EOH′, moins la hauteur S″OH′ de l'étoile. C'est à l'aide du cercle mural qu'on mesure les déclinaisons, en observant les hauteurs des astres sur l'horizon.

Les ascensions droites et les déclinaisons correspondent respectivement, sur la surface de la terre, aux *longitudes* et aux *latitudes*. Ces *coordonnées géographiques* se comptent sur l'équateur ou ses parallèles et sur les méridiens terrestres, en prenant un de ceux-ci pour point de départ, celui passant par l'observatoire de Paris, par exemple. La longitude est orientale ou occidentale, et la latitude est boréale ou australe.

CHAPITRE VII

Mouvement propre apparent du soleil. — Écliptique ; son inclinaison sur l'équateur. — Jour solaire. — Solstices et équinoxes. — Tropiques. — Lignes des équinoxes. — Précession des équinoxes. — Année tropique. — Apogée et périgée. — Zodiaque ; signes. — Divinités égyptiennes présidant aux mois de l'année.

En prenant tous les jours l'heure sidérale au moment où le soleil passe au méridien, opération qui s'effectue au moyen de la lunette méridienne et de la pendule sidérale ; en prenant, aux mêmes instants, la hauteur de cet astre avec le cercle mural, on remarque que l'astre flamboyant se trouve placé en des points différents sur la sphère céleste. Il semble s'avancer de l'occident à l'orient, en se rapprochant toujours des étoiles situées plus à l'orient. Dans ce mouvement, le soleil parcourt un grand cercle de la sphère, incliné sur l'équateur de 23° 27′ 30″. Le temps qui s'écoule entre deux retours successifs du soleil au méridien n'est pas égal au jour sidéral ; il est nécessairement plus long. De plus, ce jour solaire n'a pas une valeur constante. On constate encore que le soleil est, pendant six mois de l'année, dans l'hémisphère boréal, au nord de l'équateur ; et que, pendant les six autres mois, il se trouve dans l'autre hémisphère, au sud de l'équateur. En comptant le nombre de jours que le soleil emploie pour faire une révolution entière, pour décrire toute la circonférence de l'*écliptique*, on trouve 365 jours et une fraction ; c'est ce qui constitue l'année. La courbe ainsi décrite par le soleil se nomme écliptique, parce que c'est dans son plan ou à peu près qu'ont lieu les éclipses de lune et de soleil. L'écliptique est représentée sur la figure par le cercle $eAe'B$; l'angle eOE de 23° 27′ 30″ qu'il forme avec l'équateur s'appelle *obliquité de l'écliptique*. Cet angle varie très-peu d'une année à l'autre et entre des limites déterminées. La terre occupant le centre O, on remarque quatre positions principales du soleil sur sa courbe, qu'il trace dans le sens $BeAe'$. Les deux positions, $e\,e'$ sont les *solstices* : celles B A sont les *équinoxes*.

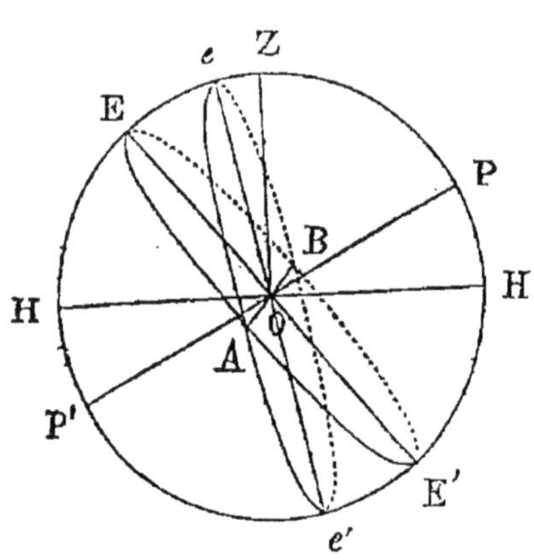

Quand le soleil arrive en B en passant de l'hémisphère sud EP′E′ dans l'autre, le parallèle qu'il décrit ce jour-là est l'équateur; alors le jour est égal à la nuit pour tous les points du globe. La même chose arrive à l'autre équinoxe A, quand le soleil a atteint ce point après avoir descendu l'arc eA. Le point B est l'équinoxe du printemps, et le point A est celui d'automne.

Lorsque le soleil monte le long de l'arc B e, les jours croissent pour un observateur placé dans l'hémisphère boréal. Le *solstice d'été e* étant atteint, le soleil décrira le *tropique du cancer e c;* et pour l'horizon H H′, ce sera le plus long jour de l'année, l'astre étant visible dans les portions *e* K et invisible dans l'autre, K *c*. A partir du point *e*, les parallèles tracés par le soleil se rapprochent de l'équateur, et les jours iront en diminuant, tout en restant plus longs que les nuits, parce que les parties situées en-dessous de l'horizon deviendront de plus en plus grandes et resteront toujours plus petites que celles placées au-dessus. Depuis A jusqu'en *e'* et de *c'* en B, les jours seront plus petits que les nuits ; ils diminueront de A en *e'* et augmenteront de *e'* en B. Au point *e'*, *solstice d'hiver*, le jour sera le plus court de l'année, et le soleil tracera le tropique du capricorne *e' c'*.

L'arc B *e* est la saison du printemps; celui *e* A, celle de l'été; l'automne a lieu entre A et *e'*, et l'hiver correspond à l'arc *e'* B. Ces quatre arcs ne sont pas égaux ; la courbe écliptique n'étant pas un cercle, mais une ellipse très-peu différente d'une circonférence. La ligne A B, intersection de l'équateur avec l'écliptique, s'appelle *la ligne des équinoxes* ; elle n'est pas immobile, elle change de position tous les ans en avançant de 50″ par an à peu près. Ce mouvement se nomme *précession des équinoxes*. Il faut de 25 à 26,000 ans pour que la ligne des équinoxes ait parcouru la circonférence entière de l'équateur.

Le temps que le soleil met pour revenir au même équinoxe ou au même tropique constitue *l'année tropique;* elle est de 365 jours 1/4 environ. Sa valeur, en jours, est de 366 jours 2396.

Le soleil n'ayant pas un mouvement uniforme, on distingue deux points principaux quant à sa vitesse : le *périgée*, qui répond à sa plus grande vitesse au moment où il est le plus rapproché de la terre, vers le 1er janvier; et l'*apogée*, point diamétralement opposé, où il est le plus éloigné de notre globe, vers le 1er juillet.

Les 360 degrés de l'écliptique ont été partagés en 12 parties égales de 30 degrés chacune, et appelées *signes*. En prenant 9 degrés de chaque côté, ce qui fait une bande ou zone de 18 degrés renfermant les orbites planétaires, on a ce que l'on appelle le zodiaque. Ces douze signes ou constellations zodiacales sont : le *Bélier*, le *Taureau*, les *Gémeaux*, le *Cancer*, le *Lion*, la *Vierge*, la *Balance*, le *Scorpion*, le *Sagittaire*, le *Capricorne*, le *Verseau* et les *Poissons*.

Du temps d'Hipparque, le soleil traversait la constellation du Bélier à l'équinoxe du printemps. Cet astronome remarqua un déplacement du point équinoxial de 50″ par an; en sorte qu'en 25.870 ans, il fait le tour entier de l'écliptique. Ce mouvement, qui est rétrogade (de l'est à l'ouest), est ce que l'on nomme *précession des équinoxes*, mouvement par lequel le soleil revient au point équinoxial avant une révolution entière. L'équinoxe a lieu à notre époque dans les Poissons, tandis que du temps d'Hipparque il était dans le Bélier. Chez les Égyptiens, les divinités qui présidaient aux douze mois de l'année étaient représentées par les douze constellations du zodiaque. Le bœuf Apis était représenté par le Taureau, et le Bélier était consacré à Jupiter Hammon. Horus et Harpocrate étaient deux divinités inséparables dont le symbole était les Gémeaux; l'Écrevisse correspondait à Anubis; Osiris, ou le soleil, au

Lion; la Vierge, à Isis; Typhon avait la Balance et le Scorpion; le Sagittaire, Hercule; le Capricorne, Mendès; les Poissons, Nephtis; le Verseau indiquait qu'on était au mois de janvier, ou Tybi; alors on allait puiser une cruche d'eau dans la mer.

CHAPITRE VIII

Unités de temps. — Calendrier ; jour sidéral et jour solaire moyen. — Commencement du jour. — Cycle solaire. — Réforme grégorienne. — Durée exacte de l'année.

Nous avons déjà défini le jour sidéral; mais, dans la vie civile, c'est le jour *solaire moyen* qui est en usage. Nous avons dit que les jours solaires n'étaient pas égaux : supposons qu'un soleil fictif soit mû d'un mouvement uniforme, en partant d'un équinoxe en même temps que le soleil vrai, et en y revenant avec lui. Tous les jours du soleil fictif seront égaux ; tantôt ils surpasseront les jours vrais correspondants, tantôt ils seront inférieurs à eux. Le jour solaire moyen est celui en usage dans la vie civile ; il commence à minuit.

Le jour astronomique commence à midi vrai pour le temps vrai, et à midi moyen pour le temps moyen ; ce dernier est mesuré par une horloge bien réglée. Il se divise en 24 heures, que l'on compte depuis 0 jusqu'à 24. Le jour civil commence à minuit ; les 24 heures sont réparties en 12 heures du matin, comptées de minuit à midi, et en 12 heures du soir, de midi à minuit. Le commencement du jour sidéral a lieu, quand le point équinoxial du printemps passe au méridien.

Les jours de l'année se reproduisent avec les mêmes noms tous les 400 ans. C'est encore ce qui arrive après un intervalle de 28 ans. On retrouve les mêmes quantièmes aux mêmes jours de la semaine ; c'est le *cycle solaire*.

Le tableau exact des jours et des mois, concordant avec la marche du soleil et de la lune, forme le *calendrier*. L'année astronomique ne renfermant pas un nombre de jours complet, il faut tenir compte de la fraction pour arriver à la concordance de l'année avec la marche du soleil. Jules César fit intercaler une année bissextile (contenant un jour de plus) tous les quatre ans; cette réforme est connue sous le nom de réforme Julienne. Au bout de quelques siècles, l'origine de l'année s'écartait beaucoup de l'équinoxe ou du solstice, c'est pourquoi le pape Grégoire XIII fit opérer la réforme qui porte son nom; elle eut lieu à partir du 1er octobre 1582. Outre les années bissextiles qui arrivent aussi tous les quatre ans, on supprime la bissextile de la fin de chaque siècle pour en tenir compte à la fin du quatrième. Cela suppose l'année égale 365,2425 jours, à peu près égale à la véritable. Il faut alors supprimer encore une bissextile tous les quatre mille ans, pour avoir la durée exacte de 365, 2425 jours.

CHAPITRE IX

La terre. — Ellipse; grand axe et sommet; centre; foyers et rayons vecteurs; parabole; ellipsoïde de révolution. — Preuves de la rondeur de la terre; tour du monde; aspect d'un vaisseau qui s'approche ou qui s'éloigne du rivage; marche vers le nord ou vers le sud; forme de l'ombre de la terre. — Oscillations du pendule pour la mesure de la forme de la terre; mesure du méridien. — Antipodes. — Durée de l'année; vitesse apparente du soleil; rayon de la terre. — Durée de la rotation diurne. — Vitesse diurne de l'équateur. — Masse de la terre et sa densité. — Longueur du degré moyen, etc. — Parallaxe solaire; distance de la terre au soleil. — Hauteur de l'atmosphère terrestre; poids de l'air. — Etendue des mers. — Hauteur des montagnes.

L'*ellipse* est une courbe plane, fermée dans tous les sens, comme la circonférence d'un cercle. Les jardiniers savent la décrire géométriquement. Pour cela, ils fixent deux pieux en terre, destinés à tenir tendu un cordeau fermé qui sert à diriger un bâton pointu qui trace la courbe. On peut, sur le papier, se servir de deux épingles et d'un fil; la courbe est alors tracée par un crayon que l'on dirige en tenant le fil tendu. Les deux points fixés, les deux piqûres F F' sont les *foyers* de l'ellipse. Le grand axe A B les joint et se termine à la courbe aux deux *sommets* A et B. Le *centre* O est à

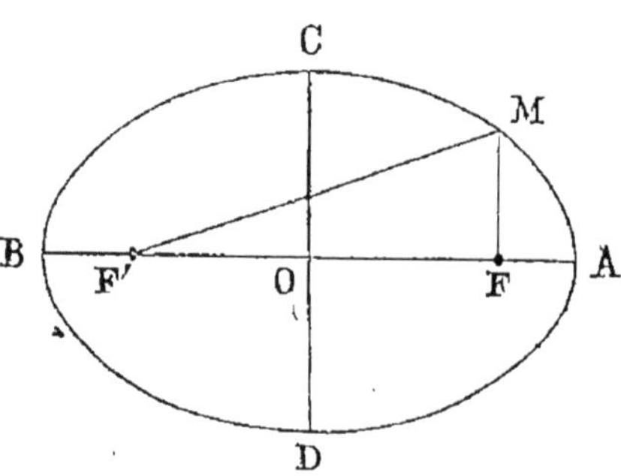

égale distance des foyers et des sommets. La ligne CD passant par le centre, et menée perpendiculairement sur le grand axe, s'appelle le *petit axe*. La distance F'M d'un foyer à un point quelconque M de la courbe, est un *rayon vecteur*. Par la manière même dont la courbe est décrite, on voit que la somme des deux rayons vecteurs F'M + FM est égale au grand axe. Plus les deux foyers se rapprochent du centre, plus la courbe tend à se confondre avec une circonférence. La distance OF se nomme *excentricité ;* c'est plus généralement le rapport de OF au demi-grand axe OA.

La courbe apparente décrite par le soleil autour de la terre, dans le plan de l'écliptique, est une ellipse peu excentrique, dont la terre occupe un des foyers. toutes les trajectoires décrites par les planètes autour du soleil sont des courbes de même nature. Les comètes tracent aussi des ellipses autour du soleil, mais elles ont des excentricités très-grandes; c'est en cela surtout que leur mouvement diffère de celui des planètes.

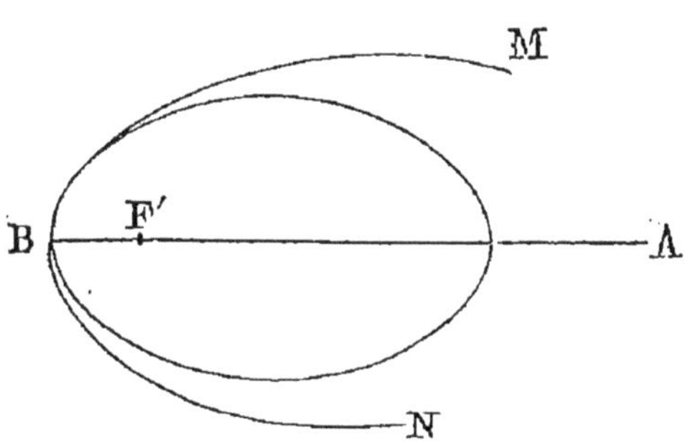

Imaginez une ellipse dont le grand axe s'allonge de plus en plus, de manière à ce que son sommet A et le foyer correspondant soient situés à l'infini, vous aurez une courbe telle que MBN, appelée *parabole*. La parabole est donc une ellipse infiniment allongée, formée de deux branches BM, BN s'étendant à l'infini, et n'ayant qu'un sommet B et qu'un foyer F'.

Si vous faites tourner une ellipse autour de l'un de ses axes, de son petit axe, par exemple, vous engendrerez un *solide* qui a reçu le nom d'*ellipsoïde de révolution.*

La terre a précisément cette dernière forme, mais peu différente d'une sphère. Cela est dû à ce qu'elle a été originairement fluide, et à ce que, par son mouvement de rotation sur son axe (comme nous le verrons plus tard), la matière vint affluer autour de l'équateur. Au moment de la solidification de la croûte formant la surface terrestre, la forme primitive dut nécessairement se conserver.

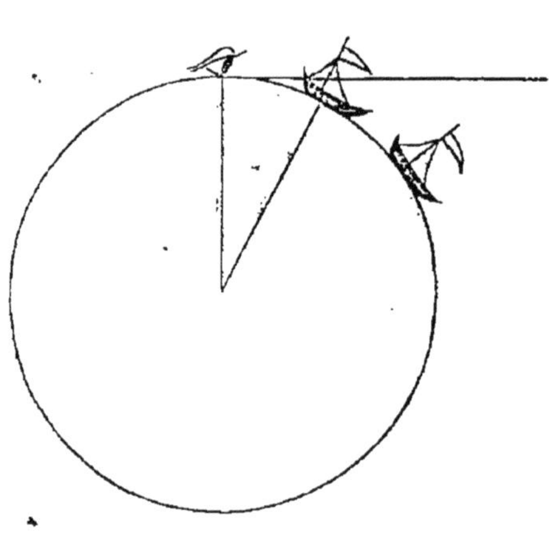

La rotondité de la terre se prouve de plusieurs manières:

1° Des navigateurs, après avoir voyagé dans une direction constante, sont souvent revenus à leur point de départ ; ils ont fait le tour du monde.

2° A mesure qu'un vaisseau, d'abord invisible, approche de la côte, on en voit apparaître successivement les diverses parties; les plus élevées se montrent les premières; le corps du navire n'est visible qu'après les voiles et les mâts. Ce phénomène, inexplicable si la terre n'était pas courbe, est une conséquence naturelle de sa sphéricité, comme l'indique la figure. Réciproquement, si les habitants du vaisseau observent les mêmes aspects dans l'apparition des objets qui couronnent la côte, les plus élevés se montrent d'abord.

3° Si l'on avance vers le nord, dans la direction du méridien, on voit les étoiles, et particulièrement celle qu'on nomme la *polaire*, s'élever de plus en plus au-dessus de l'horizon de l'observateur. Mais, les mêmes effets se produisant sous tous les méridiens qui convergent à cette étoile, il s'ensuit que la surface terrestre est formée d'un ensemble de lignes courbes qui se coupent en deux points (les deux pôles); car la même chose a lieu du côté du sud, ce qui caractérise une surface courbe.

4° Dans les éclipses de lune, qu'on sait être produites par l'ombre que la terre projette, la partie obscurcie de notre satellite est séparée de la partie lumineuse par un arc de cercle appartenant à la projection de l'ombre de la terre, ce qui ne pourrait être si celle-ci n'était ronde. En marchant sur les différents méridiens, dans un sens ou dans l'autre, l'étoile polaire s'élève ou s'abaisse sur l'horizon, par des arcs proportionnels aux chemins parcourus. Or, cela ne peut arriver que sur une sphère. Donc, la terre est sphérique, ou à peu près.

Si l'on objecte les énormes inégalités apparentes de sa surface, telles que les montagnes, nous observerons qu'elles sont presque insensibles, comparées au niveau général, qui est celui de la mer. Ces inégalités sont relativement moins sensibles que les aspérités de la peau d'une orange; puisque, en supposant celle-ci de 1/5 de millimètre, et le diamètre de 1 décimètre, l'inégalité serait 1/500 du diamètre.

On peut d'ailleurs justifier géométriquement la presque sphéricité de notre globe. En faisant osciller un pendule en différents points de la terre, on remarqua que les oscillations s'accéléraient en avançant vers les pôles, et qu'elles se ralentissaient en se dirigeant vers l'équateur. D'où l'on conclut que la terre est renflée à l'équateur et aplatie aux pôles. Pour vérifier cette conclusion, on mesura divers degrés du méridien à différentes latitudes, et on reconnut que les degrés terrestres allaient en croissant de longueur de l'équateur aux pôles. En mesurant un arc de 1 ou 2 degrés, on a pu facilement en conclure la longueur des 360 degrés de la circonférence de la terre.

Tout le monde sait ce qu'on entend par le mot *antipodes*. Les hommes sont tenus à la surface de la terre par la pesanteur, dans la direction du fil à plomb qui tend vers le centre. Une sphère isolée dans l'espace n'a ni dessus ni dessous, et nos antipodes, fixés à l'autre extrémité du diamètre qui passe où nous sommes, n'ont pas plus la tête en bas que nous-mêmes.

La durée de l'année est de 365 jours 6 heures 9 minutes 10,37 secondes.

La vitesse de translation apparente du soleil est de 30,400 mètres, ou 7,6 lieues par secondes.

Le rayon équatorial de la terre (le plus grand), vaut 1,594 lieues de 4 kilomètres, en nombres ronds.

Plus court rayon de la terre — 1,589 lieues.

Différence des deux rayons, ou aplatissement de la terre — 5 lieues, ou plus exactement, 21318,2 mètres, ou environ 1/300.

Durée de la rotation diurne, temps moyen, 23 heures 56 minutes.

Une circonférence de grand cercle de la terre est de 40,000 kilomètres, ou de 10,000 lieues. Longueur de l'équateur — 10,664 lieues.

Vitesse diurne de l'équateur — 7 lieues par minute; sous le parallèle de Brest, elle est de 4 lieues 7 dixièmes.

La masse de la terre est à peu près la 350,000^e^ partie de celle du soleil.

La densité moyenne de la terre est 5 fois celle de l'eau.

La longueur du degré moyen terrestre vaut 25 lieues anciennes de France, dont chacune renferme 2,280 toises.

Circonférence moyenne de la terre — 9,000 lieues, de 25 au degré.

Diamètre moyen de notre globe — 2,864 lieues anciennes.

Rayon moyen de la terre — 1,432 lieues anciennes.

Distance du soleil à la terre — 23,000 fois le rayon moyen de celle-ci.

La *parallaxe solaire*, ou l'angle que soustend le rayon de la terre, vu du soleil à la distance moyenne, est de 8″,58, ce qui donne pour sa distance au soleil 38,230,496 lieues de 4 kilomètres.

La flamme du gaz hydrogène, brûlant dans l'air, n'a que 1,560 degrés centigrades. Dans cette flamme, le platine entre en fusion. Le granite fond à une température inférieure à celle du fer doux, vers 1,300°. En supposant un accroissement de température égal à 0°,033 par chaque mètre de profondeur, on trouve à 40,000 mètres une température de 1,320°. Alors, le granite est un liquide. Or, 40,000 mètres est l'épaisseur approchée de l'écorce terrestre : en admettant la proportionnalité de la température avec l'augmentation de profondeur, on arrive à plus de 2 millions de degrés pour la température des matières du centre de la terre.

La plus grande hauteur de notre atmosphère est de 15 lieues; M. Biot prétend qu'elle ne dépasse pas 12 lieues. La hauteur de l'atmosphère ne serait donc que la 132e partie du rayon de notre globe.

Dans nos climats, les hauteurs moyennes du baromètre ou niveau de l'Océan, sont respectivement 0^{m},7629 à 12°,5.

Le poids de l'air à 0°, et sous la pression de 760 millimètres, est un poids d'un volume égal de mercure dans le rapport de 0,0012937 à 13,5960, ou de l'unité à 10,509; c'est-à-dire que 10,509 millimètres cubes d'air, par exemple, pèsent autant que 1 millimètre cube de mercure. Il suit de là qu'il faut l'élever de 10^{m},509 pour que le mercure s'abaisse dans le tube barométrique de 1 millimètre. Si la densité des couches d'air était partout la même, on pourrait déduire de ce résultat la hauteur de l'atmosphère, qui serait de 7,986^{m},84.

La masse d'eau qui recouvre la surface de la terre s'appelle *mer*. Sur 6 millions 600 mille myriamètres carrés, formant la surface de la terre, il y en a 4 millions 800 mille recouverts par les eaux de la mer. Les prinpales mers sont : la mer Glaciale du nord, la mer Glaciale du sud, l'océan Atlantique, la mer Pacifique ou le Grand-Océan, ou océan Austral, ou mer du Sud, et la mer des Indes.

Les plus hautes montagnes de notre globe sont : en Asie, les pics de l'Himalaya (Thibet), 8,588^{m} de hauteur; en Amérique, le Nevado de Sorata a 6,488^{m} d'élévation; en Afrique, le pic de Ténériffe est le plus haut : il a 3,710^{m}. Parmi les montagnes de l'Europe, nous citerons le Mont-Blanc, qui s'élève à 4,810^{m}; le Mont-Rose, aussi situé dans les Alpes, a 4,636^{m} d'élévation.

Nous allons maintenant parler du soleil, de la lune et des planètes ; nous étudierons celles-ci dans l'ordre de leurs distances au soleil.

CHAPITRE X

Le soleil. — Système solaire. — Taches solaires. — Rotation du soleil; sa durée. — Constitution physique du soleil; photosphère. — Parallaxe solaire; distance du soleil à la terre. — Temps que la lumière met à nous venir du soleil. — Masse du soleil; pesanteur à sa surface.

La nature du soleil n'est pas encore connue d'une manière positive. C'est la source de lumière et de chaleur de toutes les planètes, des comètes, et en général de tous les corps qui dépendent du *système solaire*, c'est-à-dire qui sont assujettis à des mouvements autour de cet astre.

Quand on examine le soleil dans une lunette ou un télescope au moyen d'un verre coloré en noir, afin d'atténuer sa lumière, on aperçoit souvent sur sa surface des taches plus ou moins noires qui se meuvent du bord oriental au bord occidental. Elles restent visibles pendant quatorze jours à peu près, disparaissent pour reparaître au bord oriental, et ainsi de suite. L'observation de ce phénomène a permis de constater que le soleil tourne sur lui-même autour d'un axe incliné sur l'écliptique d'à peu près 90° ; la durée de cette rotation est de 25 jours 1/2. Les taches du soleil varient beaucoup dans leur aspect et dans leurs dimensions. On a vu des taches d'un diamètre égal à la dixième partie de celui du soleil. Quelques-unes sont restées visibles pendant cinq ou six mois; d'autres ne font pour ainsi dire que paraître et disparaître.

L'inspection des taches solaires a conduit les astronomes à différentes hypothèses sur la constitution du soleil ; parmi celles-ci, il en est une généralement admise, parce qu'elle s'appuie sur des expériences qui dépendent directement des propriétés de la lumière. On admet que le soleil est formé d'un noyau obscur, entouré d'une première atmosphère nuageuse. A une certaine distance de cette atmosphère, il y en a une deuxième qui est lumineuse, *photosphère*. Une troisième atmosphère diaphane, extérieure à la photosphère, a été reconnue par des observations d'éclipses de soleil.

Le diamètre apparent du soleil est variable, cela tient à ce que sa distance à la terre est changeante. Le moment où cette distance est la plus petite, le périgée, donne pour le diamètre apparent du soleil 32′ 35″ ; à la distance apogée répond le plus petit diamètre, qui est de 31′ 30″.

Le *parallaxe* solaire, ou l'angle que soustend le rayon de la terre, vu du soleil à la distance moyenne, est de 8″,58 ; ce qui donne pour cette distance 38,230,496 lieues de 4 kilomètres. La lumière, qui possède une vitesse de 77 mille lieues par seconde, met 8 minutes 1/4 pour nous venir du soleil. Un boulet de canon de 24, avec la vitesse qu'il a en sortant de la pièce, mettrait plus de douze ans pour franchir cette distance, ou pour arriver jusqu'au soleil. La masse du soleil est 354,936, celle de la terre étant l'unité; en d'autres termes, il faudrait 354,936 globes comme le nôtre pour équilibrer le soleil seul. Le volume du soleil est 1,407,124 fois plus grand que celui de la terre, et son diamètre réel vaut 112 fois le diamètre terrestre. Un homme pesant 70 kilogrammes, pèserait 1,981 kil. sur le soleil; et sa force musculaire, capable de le faire sauter à un mètre de distance, ne pourrait lui permettre qu'un saut de trois centimètres sur le soleil. Tous les projectiles lancés par l'artillerie n'auraient également qu'une très-petite portée sur l'astre qui nous éclaire; les lignes qu'ils décriraient seraient très-courbées et toucheraient le sol à quelques mètres de la pièce. Nous avons vu, à l'occasion du mouvement apparent du soleil, qu'il s'effectue dans une courbe qu'on appelle écliptique, et avec une vitesse variable, donnant une moyenne de presque 1° par jour. Nous reviendrons sur ce sujet pour en déduire des conséquences très-importantes, en passant de l'apparence à la réalité.

CHAPITRE XI

La lune. — Sa révolution autour de la terre; sa distance à la terre. — Diamètre apparent de la lune; son rayon; son volume et son poids. — Inclinaison de l'orbite lunaire. — Phases de la lune; nouvelle lune conjonction; pleine lune; opposition; durée de la conjonction à l'opposition; syzygies; quartiers; quadratures; apsides. — Durée de la révolution sidérale de la lune; révolution synodique; mois lunaire ou lunaison. — Révolution anomalistique; épacte: cycle de Méton; période de Saros. — Montagnes de la lune, etc. — Libration.

La lune est le satellite de la terre; sa forme est sphérique. C'est un corps opaque, comme le prouvent les phases et les éclipses de soleil. Sa lumière est donc empruntée au soleil, et les *phases* lunaires sont la conséquence de la rotation de la lune autour de la terre. Cette révolution s'effectue dans une courbe presque circulaire, ou plus exactement dans une ellipse peu excentrique, à l'un des foyers de laquelle est la terre. Le diamètre apparent de la lune est variable entre 29′ 22″, et 33′ 31″; sa distance à la terre n'est donc pas constante; la moyenne est 350,000 kilomètres, plus de 87 mille lieues. Le rayon lunaire est de 361 lieues, et son volume la quarante-neuvième partie de celui de la terre; quant à sa masse, elle n'en est que la quatre-vingt-huitième partie.

L'inclinaison du plan de l'orbite lunaire sur l'écliptique est de 5° 9′. La Lune est en *conjonction* avec le soleil lors de la *nouvelle lune,* quand elle est située entre cet astre et la terre. Dans cette position, la lune est invisible, car son hémisphère éclairé est opposé à la terre. La lune est en *opposition*, lorsqu'elle est située de l'autre côté du soleil par rapport à nous; on a alors la *pleine lune;* elle arrive un peu plus de quatorze jours et demi après sa conjonction. Dans cette nouvelle position, l'hémisphère éclairé est tourné vers nous, et nous voyons notre satellite sous l'aspect d'un cercle lumineux entier. Les époques des nouvelles et pleines lunes répondent aux positions appelés syzygies. Si on conçoit l'intervalle de la nouvelle et pleine lune partagé en deux parties égales, on voit l'astre sous la forme d'un demi-cercle lumineux, avec la courbure dirigée vers l'occident; c'est le *premier quartier* qui correspond à la première *quadrature;* sa distance au soleil est de 90°. Le second quartier, qui est le dernier, forme la seconde *quadrature;* elle a lieu 7 jours 4 dixièmes après la pleine lune. Cette fois, le demi-cercle lumineux est tourné du côté de l'orient. La partie éclairée de la lune va en augmentant entre la nouvelle et la pleine lune; elle va en diminuant de la pleine lune à la nouvelle lune. Cette dernière période est le déclin ou le décours de la lune. Tous ces aspects différents prennent le nom de *phases.* La dénomination d'*apsides* est donnée aux deux positions, périgée et apogée.

La durée de la *révolution sidérale* ou *périodique* de la lune est de 27, 31 jours; c'est le temps qu'elle emploie à faire une révolution complète autour de la terre, en revenant à la même étoile. Le temps que notre satellite met pour revenir au soleil, entre deux conjonctions, est plus grand que sa révolution sidérale, on l'appelle *révolution synodique*, ou *durée du mois lunaire* ou *lunaison;* elle est de 29,53 jours. Le grand axe de l'orbite lunaire se déplace continuellement, en parcourant les diverses constellations du zodiaque; cette révolution des apsides s'effectue en 18 ans 10 mois, d'occident en orient. La *révolution anomalistique*, qui mesure le temps écoulé entre deux passages successifs de la lune au périgée, est plus long que sa révolution sidérale; ce temps est de 27,54 jours. L'année lunaire formée de 12 mois, chacun de 29,53 jours, est inférieure de 11,12 jours à l'année solaire. Ainsi, au commencement d'une année solaire, l'année lunaire est plus jeune; en lui ajoutant ce qui lui manque, on a l'*épacte*. Après deux cent trente-cinq lunaisons, il s'est à peu près écoulé dix-neuf ans, d'où il suit que, si une lunaison commence un jour donné, une autre recommencera le même jour au bout de dix-neuf années. Les phases se retrouveront ainsi aux mêmes jours du mois; on donne à cette période le nom de *cycle lunaire* ou de *Méton*. La *période de Saros* est de dix-huit ans onze jours; après cette période, les éclipses reviennent les mêmes à très-peu près aux mêmes dates.

Les montagnes de la lune sont très-nombreuses : le mont Dorfel a 7,603 mètres d'élévation; c'est la plus haute montagne lunaire. Elle présente en outre des cavités profondes, que l'on ne peut assimiler qu'à des vallées ou à des cratères de volcans.

La lune n'a pas d'atmosphère; par conséquent il ne peut pas y avoir d'eau à la surface.

L'aspect des taches de la lune ne varie pas sensiblement; d'où il résulte qu'elle effectue une révolution sur son axe dans le même temps qu'elle exécute sa révolution autour de la terre. En observant ces taches plus attentivement, sur les bords, on a vu une légère bande de l'autre hémisphère, tantôt d'un côté, tantôt de l'autre. Ce léger balancement a été appelé *libration.*

CHAPITRE XII

PLANÈTES. — Mercure. — Sa distance au soleil et à la terre ; son diamètre ; sa masse. — Durée de sa rotation. — Durée de sa révolution sidérale. — Atmosphère ; volcans ; chaleur et lumière.

La planète *Mercure* est la plus rapprochée du soleil. Sa distance moyenne est de 14,706,000 lieues. Elle n'est jamais moins éloignée de la terre que 18,700,000 lieues, et ne peut jamais en être plus loin que 51 millions de lieues. Le diamètre réel de Mercure est de 1,243 lieues ; sa masse n'est pas la cinquième partie de la terre. Cette planète tourne autour de son axe en 24 heures 5 minutes ; et sa révolution sidérale a lieu en 88 jours. On pense que Mercure a une atmosphère et contient des volcans en ignition. Il fait, sur Mercure, six fois et demi plus chaud que sur la terre ; le même rapport existe entre les lumières.

VÉNUS. — Distance au soleil, etc. ; durée de sa rotation ; durée de sa révolution autour du soleil. — Ses phases ; montagnes ; atmosphère, etc.

Les anciens donnaient à cette planète le nom de *Lucifer*, quand elle précédait le lever du Soleil ; et *Vesper* était son nom, lorsqu'elle se couchait après lui. On l'appelle encore *Étoile du berger*.

Vénus, dans son mouvement autour du soleil, s'en éloigne jusqu'à 48° ; pendant 542 jours, son mouvement est direct (d'occident en orient); et ensuite, il devient rétrograde (d'orient en occident), pendant 42 jours. La distance moyenne de Vénus au soleil est 0,7233, celle de la terre étant représentée par l'unité. Son volume, sa masse, son diamètre réel, sont un peu moindres que ceux de la terre. Sa rotation s'effectue en 23 heures 21 minutes, et sa révolution autour du soleil en 224 jours et demi. Cette planète a son orbite comprise entre celle de Mercure et de la terre ; ses phases sont très-apparentes, et présentent des irrégularités notables. S'il faut en croire certaines observations, les plus hautes montagnes de Vénus auraient jusqu'à 11 lieues d'élévation. Les taches observées, en 1666, ont été revues depuis cette époque, ce qui prouve qu'elles adhèrent au corps de la planète. La déviation que les rayons du soleil éprouve autour de cette planète est une preuve de l'existence de son atmosphère. On voit souvent Vénus en plein jour : c'est quand sa distance au soleil est de 40°; cela se représente tout les huit ans. La distance de cette planète à la terre est quelquefois de 9,750,000 lieues; mais elle s'en éloigne jusqu'à 65 millions de lieues.

MARS. — Durée de sa révolution autour du soleil; sa distance à cet astre; son diamètre; sa densité; durée de sa rotation; applatissement; ses glaces; son atmosphère.

C'est la première des planètes supérieures, c'est-à-dire de celles situées plus loin du soleil que de la terre. Mars tourne autour du soleil en 687 jours à très-peu près. Elle est une fois et demie plus éloignée du soleil que la terre. Le diamètre réel de Mars est un peu plus de la moitié du diamètre terrestre, et sa densité est presque la même. La durée de sa rotation est de 24 heures 37 minutes. L'aplatissement de cette planète est bien constaté, ainsi que la variété de ses saisons; car, à certaines époques, on croirait y voir les glaces, tandis qu'à d'autres époques elles sont fondues. Toutes les observations concourent à constater l'existence de l'atmosphère de Mars.

PETITES PLANÈTES. — Leur nombre; leur situation, etc.

Ces petits astres sont aussi appelés *astéroïdes;* ils existent en grand nombre dans la région du ciel située entre Mars et Jupiter. Aujourd'hui, il y en a près de quatre-vingts; au commencement de ce siècle, on découvrit les quatre premières : *Cérès*, *Pallas*, *Junon* et *Vesta*.

Le nom d'astéroïdes se donne encore à cette infinité de corps disséminés dans l'espace, et que l'on désigne sous les noms d'*étoiles filantes,* de *bolides*, etc. On ne connaît ni leur nature, ni les lois de leur mouvement, à l'exception de ceux qui sont tombés sans avoir été entièrement consumés, et qu'on nomme aérolithes. L'étude de ces corps regarde la météorologie.

JUPITER. — Sa distance du soleil. — Durée de sa révolution autour de cet astre; durée de sa rotation. — Son diamètre; son volume. — Mouvement stationnaire direct, rétrograde; les satellites; les bandes, etc.

Jupiter est la plus grosse de toutes les planètes. Sa distance au soleil est de 180 millions de lieues. Elle met un peu moins de douze ans pour faire une révolution autour du soleil; la durée de sa rotation sur son axe est de 9 heures 55 minutes. Le diamètre de Jupiter est onze fois plus gros que le diamètre de notre globe, et son volume quatorze cents fois plus considérable. Le mouvement de Jupiter est tantôt direct, tantôt stationnaire et rétrograde, et ainsi alternativement. L'éclat de cette planète n'est surpassé que par celui de Vénus. On remarque des bandes obscures autour du disque de Jupiter; d'autres bandes lumineuses sont occasionnées par la réflexion de la lumière solaire sur les nuages qui flottent dans son atmosphère. On connaît quatre satellites à Jupiter; le plus petit est à peu près du volume de la lune. Quand ces satellites passent entre le soleil et la planète, ils projettent sur celle-ci des ombres très-visibles. Les éclipses des satellites se montrent lorsqu'ils passent derrière leur planète, dans le cône d'ombre qu'elle projette.

Saturne. — Durée de sa révolution ; sa distance au soleil ; son diamètre ; son volume. — Quantité de lumière qu'il reçoit. — Ses satellites et son anneau. — durée de leurs rotations ; diamètre de l'anneau et sa largeur.

Cette planète tourne autour du soleil en près de 30 ans ; elle est neuf fois et demie plus loin du soleil que la terre.

Le diamètre de Saturne est neuf fois plus long que celui de la terre ; ce qui lui donne un volume 734 fois plus considérable. Saturne ne reçoit guère que la centième partie de la lumière et de la chaleur que nous recevons nous-mêmes du soleil.

Huit satellites accompagnent Saturne ; de plus, un anneau formé de plusieurs autres concentriques entoure la planète sans la toucher. Ces anneaux tournent sur eux-mêmes en 10 heures et demie. Le diamètre extérieur de l'anneau extérieur est de 71,174 lieues ; son diamètre intérieur est de 62,643 lieues. L'intervalle qui sépare la planète du premier anneau est de 9,314 lieues, et la largeur totale des anneaux vaut près de 12,000 lieues.

Ce phénomène, d'un anneau entourant la planète, est unique dans notre système solaire. On n'en connaît ni l'origine, ni la nature, et, sur ce sujet comme sur beaucoup d'autres, on en est réduit à faire des hypothèses et des conjectures.

URANUS. — Durée de sa révolution; distance au soleil; son diamètre; son volume. — Ses satellites; leurs mouvements rétrogrades.

Nous verrons, en continuant l'histoire de l'astronomie, que c'est Herschel qui découvrit la planète Uranus, l'avant-dernière du système planétaire dépendant de notre soleil. Cette planète effectue sa révolution autour du soleil en 84 ans à peu près; sa distance au soleil est 19 fois plus grande que celle de la terre au même astre. Le diamètre d'Uranus, comparé à celui de la terre, est presque 4 fois et demie plus grand, et son volume vaut 82 fois le sien. L'apparence de cette planète, à la vue simple, est celle d'une étoile de sixième grandeur, c'est-à-dire qu'elle est presque invisible; il faut recourir aux lunettes ou aux télescopes pour pouvoir l'observer.

Uranus possède huit satellites tournant autour de leur planète d'orient en occident, c'est-à-dire que leur mouvement est rétrograde.

Les mouvements propres de ces corps, dit Arago, s'exécuteraient donc (les comètes mises à part) en sens contraire des mouvements de rotation connus.

C'est là une puissante objection contre les systèmes cosmogoniques (organisation de l'univers) le plus en crédit.

NEPTUNE. — Sa position; durée de sa révolution; sa distance au soleil; ses dimensions; ses satellites.

Neptune est la dernière planète la plus éloignée du soleil. Elle est située aux confins, aux dernières limites du système solaire. Elle ne met pas moins de 165 ans pour exécuter une révolution autour du soleil; sa distance à cet astre est 30 fois plus grande que celle de la terre. Les dimensions de Neptune sont à peu près les mêmes que celles d'Uranus; on lui connaît deux satellites.

CHAPITRE XIII

Éclipse de soleil et de lune. — Quand y a-t-il des éclipses? Leurs causes. — Nœuds; ligne des nœuds et son mouvement. — Pourquoi les éclipses sont-elles si rares? — Longueur du cône d'ombre de la terre. — Différentes espèces d'éclipses; pénombre. — Nombre d'éclipses dans un temps donné. — Éclipses de soleil totales pendant le restant du XIXe siècle. — Ce que pensaient les anciens sur les éclipses; les Grecs, les Romains, etc.; croyances des Indiens, des Américains, des Européens au XVIIe siècle. — Impressions produites par les éclipses totales de soleil.

La terre et la lune, étant deux corps opaques qui reçoivent leur lumière du soleil, ils projettent derrière eux un cône d'ombre dont les dimensions dépendent des volumes de ces corps et de leurs distances respectives. Nous avertissons d'abord que, dans nos figures, nous avons dû modifier considérablement les dimensions et les distances relatives du soleil, de la lune et de la terre, afin de pouvoir être intelligible.

Il y a éclipse de lune quand la terre est interposée entre elle et le soleil; il y a éclipse de soleil, lorsque c'est la lune qui se trouve entre cet astre et la terre.

L'orbite de la lune perce le plan de l'écliptique en deux points qu'on appelle les *nœuds*. Si la ligne des nœuds coïncidait toujours avec la droite qui joint le centre de la terre à celui du soleil, il est visible que, pendant une révolution entière de la lune dans son orbite, son centre, en traversant l'écliptique aux nœuds, se trouverait deux fois sur la ligne des centres de la terre et du soleil; il y aurait alors deux éclipses. Ces éclipses auraient encore lieu partiellement, si la ligne des nœuds était peu éloignée de la ligne des centres. Mais la ligne des nœuds, qui se meut dans le ciel, en parcourant 19° 20′ par an, ne se trouve qu'assez rarement dans cette position; de sorte que la courbe lunaire étant moitié d'un côté du plan de l'écliptique et moitié de l'autre côté, la lune peut, dans ses conjonctions et ses oppositions, se trouver assez écartée du plan de l'écliptique pour que les deux disques du soleil et de la lune ne puissent pas paraître s'atteindre. Voilà pourquoi les éclipses n'ont pas lieu tous les quinze jours.

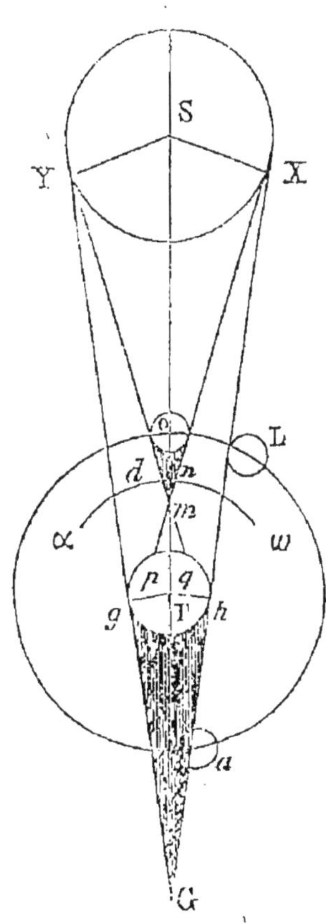

Le soleil étant beaucoup plus gros que les deux autres corps, les ombres projetées sont terminées par des génératrices convergentes, et, par conséquent, sont des cônes dont l'étendue varie selon les distances.

La terre étant en T, on voit son ombre en g G h, coupe du cône d'ombre suivant son axe. La lune étant en O, on aurait une ombre plus courte terminée au point m. Si la lune est périgée, son ombre pourra atteindre directement la terre, comme on le voit en $\delta\ \eta$, si on suppose que la terre, représentée par l'arc $\alpha\,\delta\,\eta\,\omega$. Il y a, dans ce cas, éclipse totale de soleil pour une étendue de la surface terrestre de la largeur $\delta\ \eta$. La terre étant en T et la lune en O, le cône d'ombre n'atteindra pas la terre ; mais le cône opposé par le sommet la rencontrera dans l'étendue $p\ q$, et il y aura, pour cette région, éclipse partielle ou annulaire, selon les circonstances.

Dans le cas d'éclipse de lune, celle-ci est comprise dans le cône de l'ombre terrestre, ce cône s'étendant bien au delà de l'orbe lunaine ; car la distance T G est égale à 216 rayons terrestres, tandis que la distance lunaire T a n'est que de 60 rayons.

Les éclipses de soleil sont totales, partielles ou annulaires ; celles de lune sont totales ou partielles.

Dans l'impossibilité où nous sommes d'examiner ici toutes les diverses circonstances qui accompagnent les éclipses, nous avons dû nous borner à indiquer le phénomène en général.

Les éclipses se mesurent par *doigts*. On appelle ainsi chaque douzième du diamètre de l'astre.

A mesure que le disque lunaire entre dans l'ombre, pendant une éclipse de lune, on remarque que la portion encore éclairée perd progressivement son éclat. Cet état moyen entre l'ombre et la lumière complète s'appelle la *pénombre ;* et si la lune, dès le commencement d'une éclipse, est affectée de la pénombre dans sa partie lumineuse, il en est de même de la terre dans une éclipse de soleil. Toute la région terrestre qui ne voit qu'une partie du disque solaire et dans la pénombre et perd une partie de sa lumière. Les éclipses de soleil sont très-rarement pour la terre autre chose que des pénombres. On peut observer, en moyenne, 70 éclipses en 18 ans : 29 de lune et 41 de soleil. Jamais il n'y a plus de *sept* éclipses dans une année ; et il ne peut pas y en avoir moins de *deux*. Quand il n'y a que deux éclipses en un an, elles sont toutes deux de soleil. Cependant, dans un lieu donné, il y a moins d'éclipses de soleil que de lune. Il y aura une éclipse totale de Soleil le 22 décembre 1870 ; elle sera visible aux Açores, en Algérie, en Sicile, au sud de l'Espagne et en Turquie. Il y en aura une autre, de même nature, le 19 août 1887, visible au centre de l'Asie, au sud de la Russie et au nord-est de l'Espagne. Une troisième éclipse totale de soleil, aura lieu en 1896 ; on la verra en Laponie, au Groënland et en Sibérie. Enfin, la dernière du XIXe siècle arrivera le 28 mai 1900.

Les éclipses ont effrayé les anciens, qui n'en connaissaient pas la véritable cause. On croyait en Grèce que la lune était attirée sur la terre par les sorcières de la Thessalie, au moyen de pratiques enchanteresses. On faisait alors le plus de vacarme possible avec des chaudrons pour faire remonter la lune dans le ciel. Les Romains trouvaient qu'il valait mieux allumer une grande quantité de flambeaux et les élever vers les cieux pour faire revenir la lumière. D'autres peuples, croyant que les éclipses les menaçaient de grands malheurs, se livraient, pour les conjurer, à des actes qui prenaient souvent une tournure sanglante.

Voici ce que dit Fontenelle dans ses entretiens sur la

pluralité des mondes : « Dans toutes les Indes orientales, on croit que, quand le soleil et la lune s'éclipsent, c'est qu'un certain dragon qui a les griffes fort noires, les étend sur ces deux astres dont il veut se saisir, et vous voyez pendant ce temps-là les rivières couvertes de têtes d'Indiens qui se sont mis dans l'eau jusqu'au cou, parce que c'est une situation très-dévote, selon eux, et très-propre à obtenir du soleil et de la lune qu'ils se défendent bien contre le dragon. En Amérique, on était persuadé que le soleil et la lune étaient fâchés quand ils s'éclipsaient, et Dieu sait ce qu'on ne faisait pas pour se raccommoder avec eux. Mais les Grecs qui étaient si raffinés, n'ont-ils pas cru longtemps que la lune était ensorcelée et que les magiciens la faisaient descendre du ciel pour jeter sur les herbes une certaine écume malfaisante? Et nous, n'eûmes-nous pas une belle peur en 1654, à une certaine éclipse de soleil qui, à la vérité, fut totale? Une infinité de gens ne se tinrent-ils pas enfermés dans les caves? »

Arago, qui observa l'éclipse totale de soleil de 1842, raconte ce qui suit : « A Perpignan, les personnes gravement malades étaient seules restées dans leurs chambres. La population couvrait dès le grand matin, les terrasses, les remparts de la ville, tous les monticules extérieurs d'où l'on pouvait espérer de voir lever le soleil. A la citadelle, nous avions sous les yeux, outre des groupes nombreux de citoyens établis sur les glacis, les soldats qui, dans une vaste cour, allaient être passés en revue. L'heure du commencement de l'éclipse approchait. Près de vingt mille personnes examinaient, des verres enfumés à la main, le globe radieux se projetant sur un ciel d'azur. A peine armés de nos fortes lunettes, commencions-nous à apercevoir la petite échancrure du bord occidental du soleil, qu'un cri immense, mélange de vingt mille cris différents, vint nous avertir que nous avions devancé seulement de quelques secondes, l'observation faite à l'œil nu par vingt mille astronomes improvisés dont c'était le coup d'essai. Une vive curiosité, l'émulation, le désir de ne pas être prévenu, semblaient avoir eu le privilége de donner à la vue naturelle une pénétration, une puissance inusitées. Entre ce moment et ceux qui précédèrent de très-peu la disparition totale de l'astre, nous ne remarquâmes dans la contenance de tant de spectateurs rien qui mérite d'être rapporté. Mais, lorsque le soleil, réduit à un étroit filet, commença à ne plus jeter sur notre horizon qu'une lumière très-affaiblie, une sorte d'inquiétude s'empara de tout le monde ; chacun éprouvait le besoin de communiquer ses impressions à ceux dont il était entouré. De là, un mugissement sourd, semblable à celui d'une mer lointaine après la tempête. La rumeur devenait de plus en plus forte à mesure que le croissant solaire s'amincissait. Le croissant disparut enfin ; les ténèbres succédèrent subitement à la clarté, et un silence absolu marqua cette phase de l'éclipse, tout aussi nettement que l'avait fait le pendule de notre horloge astronomique. Le phénomène, dans sa magnificence, venait de triompher de la pétulance de la jeunesse, de la légèreté que certains hommes prennent pour un signe de supériorité, de l'indifférence bruyante dont les soldats font ordinairement profession. Un calme profond régna aussi dans l'air : les oiseaux avaient cessé de chanter. Après une attente solennelle d'environ deux minutes, des transports de joie, des applaudissements frénétiques, saluèrent avec le même accord, la même spontanéité, la réapparition des premiers rayons solaires... »

CHAPITRE XIV.

Système de Copernic et système de Ptolémée. — Comparaison des deux systèmes. Saisons. — Preuves qui doivent faire préférer celui de Copernic, ou preuves des deux mouvements de la terre. — Application du pendule pour démontrer directement la rotation de la terre. — Stations et rétrogradations des planètes. — Aberration. — Précession des équinoxes, etc.

Si l'on observe avec un peu d'attention les divers mouvements qui sillonnent la sphère étoilée, on ne tarde pas à en remarquer deux principaux qui se rapportent à l'astre le plus remarquable du ciel. L'un à courte période qui se répète si fréquemment, est la circulation apparente ou réelle du soleil autour de la terre, dans une courbe que l'horizon divise en parties généralement inégales, d'où résultent les alternations du jour et de la nuit, et dont l'ensemble constitue la *révolution diurne;* l'autre, à période beaucoup plus longue, nous montre le soleil se rapprochant chaque jour des étoiles plus orientales que lui, de sorte que celles qui se lèvent et se couchent en même temps que cet astre changent continuellement. Il occupe ainsi successivement les différents points d'une circonférence du ciel, et au bout de 365 jours et quelques heures, il est ramené dans le voisinage de l'étoile auprès de laquelle il se trouvait 365 jours auparavant. Comme les étoiles conservent toujours à peu près les mêmes positions relatives, on a dû attribuer longtemps ce mouvement au soleil. La suite des points ainsi parcourus forme sur la voûte céleste une courbe plane nommée *écliptique;* et le mouvement qui lui donne naissance se nomme le *mouvement annuel.*

Pour quiconque réfléchit sur ces phénomènes, deux systèmes se présentent qui satisfont physiquement aux apparences, mais celui qui suppose ces apparences conformes à la réalité a dû se présenter le premier et suffire longtemps à la satisfaction de l'esprit. Dans ce système le mouvement diurne s'explique de lui-même, il est tout simplement exécuté par la sphère céleste en un jour sidéral.

Quant au mouvement annuel, on suppose que le soleil, tout en parcourant les cercles diurnes, s'avancerait le long de l'écliptique, courbe à peu près circulaire et au centre de laquelle serait la terre, déplaçant chaque jour le centre de son *cercle parallèle* qui se mouvrait avec lui. L'effet composé des deux révolutions diurne et annuelle, serait représenté par un filet de vis rentrant sur elle-même en formant anneau. Chaque spire de la vis serait un cercle diurne, et le contour de l'anneau l'*orbite* annuelle. D'un jour au suivant, le cercle solaire se déplacerait d'une quantité représentée par le pas de la vis.

L'anneau solaire (écliptique) étant du reste incliné à l'équateur (de 23° à peu près), auquel sont parallèles les cercles diurnes, ses différents points se trouvent inégalement éloignés de celui-ci ; en sorte que chaque jour, la distance solaire à l'équateur, et par conséquent sa hauteur au-dessus de l'*horizon* de chaque lieu doit varier, d'où résultent : 1° un changement d'obliquité dans les rayons solaires ; 2° une inégalité presque générale, relative et continue entre les jours et les nuits ; double phénomène qu'on admet comme cause de la différence des saisons.

Quelque simple que paraisse au premier aspect, un pareil système, on reconnaît bientôt que c'est à tort qu'on lui fait honneur de cette qualité. Et, d'abord, une observation se présente qui dépose contre la simplicité de cette hypothèse : c'est que le mouvement diurne du soleil entraîne comme conséquence nécessaire celui de tout le ciel. Ainsi, ce ne serait pas un seul astre qui tournerait en 24 heures autour de la terre à une distance très-grande, ce serait encore la lune et toutes les planètes, les comètes et les étoiles, c'est-à-dire des millions d'astres immenses situés à d'énormes distances dont plusieurs sont doués de mouvements propres fort inégaux, et qui, cependant, auraient dans le ciel des mouvements diurnes tous égaux et parallèles au mouvement solaire. Cette simple considération, appuyée d'ailleurs de beaucoup d'autres, fit recourir à une autre hypothèse adoptée autrefois par Pythagore et Aristarque, mais ressussitée et mise dans tout son jour par Copernic dont elle porte le nom. Nous allons exposer d'abord en quoi consiste ce système, montrer ensuite, comment il rend raison des phénomènes, puis établir les preuves qui doivent le faire préférer à celui de Ptolémée, et, enfin, répondre aux objections qui ont été élevées contre lui.

Dans le système de Copernic, le soleil serait immobile, du moins en faisant abstraction de sa rotation sur son axe. Autour de lui tourneraient les planètes dans des courbes à peu près circulaires et dans l'ordre suivant ; Mercure, Vénus, la terre entraînant avec elles l'orbite de la lune, puis Mars, les petites planètes télescopiques (astéroïdes) dont le nombre s'élève aujourd'hui à près de 80. Jupiter avec ses quatre satellites, Saturne avec ses huit et son anneau ; à la limite du système Uranus, auquel on connaît huit lunes et enfin Neptune avec deux satellites. Il faudrait joindre à ce cortége de planètes, les comètes dont le nombre s'accroît tous les jours. La terre tournerait autour de l'un de ses diamètres, d'un mouvement uniforme, en 24 heures sidérales, durée de la révolution diurne. Mais, comme un globe ne peut être éclairé totalement par un autre globe, une moitié environ de la terre est dans la lumière et le reste dans l'ombre. Or, par l'effet de ce mouvement uniforme autour d'un axe, un point de la surface terrestre qui aura le Soleil levant dans son horizon, le verra s'élever audessus de ce cercle en paraissant décrire un arc de parallèle à l'équateur d'un nombre de degrés d'autant plus grand, que l'astre sera plus avancé vers le pôle de l'hémisphère où se trouve ce point. En général, tout mouvement de celui-ci, déplaçant la ligne qui le joint au centre du Soleil, et cette ligne n'étant pas sensible, le corps céleste paraîtra s'être mû en sens contraire d'un angle égal au déplacement correspondant du lieu de l'observateur. Tel un homme emporté d'un mouvement rapide et doux sur un vaisseau qui cotoie le rivage, voit les objets situés sur celui-ci fuir en sens contraire, et a besoin du secours de la raison pour triompher de l'étonnante illusion des sens.

On remarquera que cette simple explication rend en même temps compte de la rotation de toute la sphère céleste. Le mouvement uniforme diurne des planètes et des étoiles, ainsi que le parallélisme de ce mouvement aux cercles solaires, sont des conséquences immédiates de la rotation de notre globe autour de son axe. Ici, le même raisonnement embrasse, et la course éclatante de l'astre splendide qui parcourt l'étendue contournée par l'horizon, et chacune de ces innombrables étoiles qui lui succèdent sur cette vaste carrière et parsèment de leurs feux étincelants le sombre manteau de la nuit.

Le mouvement annuel du Soleil est une autre apparence qui s'explique d'une manière analogue. La terre se mouvant sur sa courbe d'occident en orient et le soleil étant immobile, il paraîtra néanmoins animé d'un mouvement exécuté dans le même sens, puisqu'il est circulaire, et dont la projection sur la voûte céleste ne sera autre chose que le reflet de celui que la Terre aura fourni sur son orbite. Restent à expliquer l'inégalité des jours et les vicissitudes des saisons.

Pour cela, il suffit d'admettre que l'axe de la Terre, que les observations prouvent être incliné au plan de l'écliptique de 61 1/2 environ, reste toujours parallèle à lui-même dans le mouvement de translation de celle-ci. Considérons la projection de cet axe suivant un plan perpendiculaire à l'écliptique ; il est facile de concevoir que, par suite du mouvement de ce plan méridien projetant, entraîné par la terre, il y aura une position pour laquelle la projection de l'axe sera tangente à la courbe terrestre. Le rayon solaire, dirigé au centre de la terre, sera perpendiculaire au plan projetant, et celui-ci est perpendiculaire au plan de l'équateur. Donc le plan de l'écliptique et celui de l'équateur seront perpendiculaires au plan projetant, et ce dernier le sera à l'intersection des deux premiers. Il suit de là que le rayon solaire, dirigé au centre de la terre, percera sa surface sur la circonférence de l'équateur, et, par suite de la rotation diurne, le rayon solaire semblera décrire le grand cercle de l'équateur qui sera coupé par l'horizon en deux parties égales. Il y aura donc égalité du jour et de la nuit : ce sera l'équinoxe du printemps ou d'automne, car cette position se retrouvera pour le point diamétralement opposé. Dans cette translation, la terre ayant fait un quart de révolution, à partir de l'équinoxe du printemps, le plan projetant, qui était perpendiculaire au rayon, joignant les deux centres du soleil et de la terre, contiendra maintenant ce rayon, ou autrement, la projection de l'axe passera par les centres du soleil et de la terre. Mais l'axe faisant avec cette projection un angle de 66° 1/2, l'équateur sera abaissé au-dessous de cette projection de 90° moins 66° 1/2, ou de 23° 1/2. Ainsi, le rayon solaire percera la surface à 23° 1/2 de l'équateur; de sorte qu'un observateur, placé en ce point, aurait à midi le soleil à son zénith, et il le verrait élevé de 23° 1/2 de plus que l'équateur. Mais, à cause de la rotation diurne, tous les points placés sur le parallèle à 23° 1/2 de l'équateur, viendront prendre successivement la place de l'observateur précédent, et le Soleil sera vu décrire ce cercle qu'on appelle le *tropique du Cancer*.

Le parallèle semblablement situé pour la position diamétralement opposée, est le *tropique du Capricorne*. Il est facile de reconnaître que les phases qui viennent de se produire, auront lieu dans l'ordre contraire du tropique du Cancer à l'équinoxe d'automne, de sorte que la plus grande déviation solaire dans l'hémisphère boréal correspondra à ce tropique ; ce sera le moment du solstice d'été. Après le second équinoxe, le soleil paraissant tracer des parallèles dans l'hémisphère méridional, atteindra sa plus grande déviation au sud de l'équateur sur le tropique du Capricorne, qui répond au solstice d'hiver. Ensuite, on le verra se rapprocher de la ligne équinoxiale jusqu'à ce qu'il soit revenu à l'équinoxe du printemps, son point de départ. Ainsi, tous les cercles diurnes que le soleil décrit sont renfermés entre deux limites extrêmes, les tropiques, et lui-même semble avoir parcouru dans une année, une courbe en hélice resserrée entre ces deux cercles, et par conséquent inclinée à l'équateur de 23° 1/2. On voit donc comment la hauteur du soleil sur l'horizon de chaque lieu varie d'un jour à l'autre. Or, ces différences de hauteurs sont l'un des éléments de la diversité des saisons. Quant à l'autre élément, qui a plus d'influence encore, savoir les durées des jours et des nuits et leurs inégalités progressives, dont l'équateur terrestre et les pôles seulement sont exceptés, il provient de ce que les parallèles sont coupées par les divers horizons en parties inégales, et de ce que pour les régions circumpolaires, le soleil reste caché pendant une partie de l'année et visible pendant l'autre partie. Il est évident que, pour tous les points de l'équateur, les jours sont constamment égaux aux nuits. Pour des latitudes comme celles de l'Europe, les arcs de parallèles grandissent au-dessus de l'horizon, à mesure que le soleil paraît s'avancer du tropique du Capricorne à celui du Cancer, ces arcs sont d'ailleurs plus grands qu'une demi-circonférence quand le soleil se trouve dans notre hémisphère et ils sont plus petits qu'une demi-circonférence dans l'hémisphère austral. Les jours croissent donc du solstice d'hiver jusqu'à celui d'été, et ils diminuent depuis celui-ci jusqu'à celui d'hiver. C'est ainsi que l'on voit alternativement dominer l'obscurité et la clarté sur chaque hémisphère; et tandis que la nuit règne principalement sur l'un, on voit l'autre échanger la tristesse de la mauvaise saison contre la gaîté des longs jours.

On comprendra aussi pourquoi les régions circumpolaires ont des jours et des nuits de plusieurs mois; mais, pour ne pas prolonger davantage ces explications, il suffira de faire observer que, pendant une moitié de l'année, le soleil paraissant décrire d'un côté une suite de cercles parallèles, chacun des pôles, qui ont l'équateur pour horizon, aura tantôt le soleil au-dessous, tantôt au-dessus de ce cercle durant six mois, et les régions voisines participeront plus ou moins à cette répartition originale de clarté et de ténèbres.

Telle est l'explication donnée aux mouvements des astres et du soleil, en particulier, dans le système admis par tous les astronomes. On peut dire qu'elle possède un degré de simplicité au moins égal à celui de toute autre théorie.

Aussi, en admettant que ces systèmes rendent également raison des phénomènes, examinons les preuves qui doivent nous décider en faveur de celui de Copernic :

1° Si, pour arriver à l'interprétation d'un phénomène naturel, deux routes se présentent : l'une n'admettant qu'une très-simple combinaison de formes et de mouvements; l'autre, au contraire, compliquée d'une innombrable quantité de mouvements, de vitesse différentes et néanmoins concordantes, d'impulsions données et obtenant leurs effets suivant des directions qui se contrarient; nul doute que le premier système ne soit celui de la nature. Or, tel est le caractère que présente celui de Copernic. En effet, dans son hypothèse, deux mouvements simples existeraient et la plus grande vitesse donnée par la translation de la terre, serait environ de sept lieues par seconde. Dans l'hypothèse contraire, le Soleil ferait chaque jour ce que la terre ferait en un an, ce qui l'obligerait à courir avec une vitesse de 2,600 lieues par seconde. Mais, ce n'est rien encore, les planètes tourneraient avec des vitesses diverses, proportionnées à leurs distances de la terre; et la vitesse d'Uranus, par exemple, serait de 50,000 lieues par seconde. Les étoiles qui sont à des distances en comparaison desquelles le diamètre de l'orbe terrestre n'est qu'un point inappréciable, auraient des vitesses de plusieurs millions de lieues par seconde, et ces énormes mouvements seraient communs à des millions de corps circulant à d'incommensurables distances, autour d'un atome. Ces extravagantes vitesses sont encore ce qu'il y a de moins intolérable dans le système de Ptolémée. Les distances des astres à la terre étant très-inégales, au moins pour les planètes, il faudrait qu'elles parcourussent en un même temps des circonférences extrêmement inégales et par conséquent avec des vitesses extrêmement diverses. Mais puisqu'elles ne changent pas, pour ainsi dire, leurs distances relatives dans cet intervalle de temps, il faudrait que ces vitesses fussent proportionnelles à ces distances ; ce n'est pas tout, la distance d'une même planète à la terre varie considérablement; ainsi, de la conjonction de Vénus à son opposition, cette variation est dans le rapport de six à l'unité en nombres ronds; et néanmoins, lorsqu'elle est six fois plus éloignée, elle décrirait une circonférence sextuple dans le même temps que sur une courbe six fois moindre; ce qui suppose que la vitesse changerait grandement et continuellement, de manière à lui conserver les apparences de l'uniformité. De plus, les planètes, aussi bien que le soleil, parcourraient chacune autour de la terre, en des temps fort longs relativement (Jupiter en douze ans, Saturne en trente ans) des courbes égales à celles qu'ils décrivent tous les jours, et ces deux mouvements auraient lieu en un sens contraire, l'un étant uniforme pour tous, et l'autre étant soumis à de nombreuses irrégularités; et puis, les comètes, ces créatures vagabondes, participeraient également au mouvement diurne avec des vitesses en rapport à leurs distances, vitesses qui varieraient rapidement dans un court intervalle de temps et qui les emporteraient, comme tout le reste, parallèlement à l'équateur dans des directions disparates avec celles qu'elles suivent à travers les constellations; mais que dire des étoiles? cet accord de mouvements d'une absurde invraisemblance, se répèterait à leur égard mille millions de fois : faisons donc abstraction de cette armée étincelante et contentons-nous des planètes et du soleil dont l'inégalité de distance est constatée; encore, si cette artificieuse harmonie de leurs mouvements laissait échapper de rares ou de faibles discordances! Mais, non, pas une heure; pas une minute, pas une seconde d'avance ou de retard entre les mouvements qui les ramènent ensemble aux mêmes points de leurs courbes. On peut même dire que le mouvement diurne est le seul qui soit assujetti à une uniformité absolue et constatée, car depuis les plus anciennes observations, il n'a pas varié d'une quantité appréciable. Peut-on admettre, après cela, que l'immobilité de la terre soit la base du vrai système de la nature. Et peut-on hésiter à se montrer l'adversaire de cette fantasmagorie qui disparaît devant la rotation d'un atome ?

2° Le second argument en faveur du mouvement de la terre, se trouve dans l'explication simple d'un mouvement céleste extrêmement bizarre en apparence, et qui est une conséquence nécessaire de ce mouvement combiné avec celui des planètes. Je veux parler des stations et rétrogradations planétaires. Après avoir marché un certain temps suivant l'ordre des signes, ces astres semblent s'arrêter et, après une station plus ou moins longue, revenir sur leurs pas et parcourir un arc de rétrogradation, lequel se change bientôt en un mouvement direct qui a aussi sa station, puis sa rétrogradation, et ainsi de suite, les vitesses des planètes subissant, du reste, dans ces circonstances, de très-grandes variations. L'arc de rétrogradation est toujours le même et peu considérable pour Jupiter. Les stations se montrent quand le rayon visuel émané de la terre est voisin de la tangente à son orbite. Enfin, l'on conçoit que les rétrogradations sont d'autant plus petites que les planètes sont plus éloignées de nous. Ces apparences singulières concordent donc avec le mouvement de notre globe, et viennent lui imprimer un nouveau cachet de vérité, car elles sont inexplicables autrement, à moins de supposer aux planètes des vitesses arbitraires, variant sans cesse sans règle et sans loi.

3° La troisième preuve se tire du phénomène connu sous la dénomination d'*aberration de la lumière.* Il consiste en ce que chaque étoile jouit d'un petit mouvement propre qui a pour période exacte une année, et en vertu duquel, toutes paraissent osciller autour d'un lieu moyen dont elles s'écartent de chaque côté de 20″ 1/2. Celles qui sont hors du plan de l'écliptique décrivent de petites ellipses ayant des largeurs variables, suivant leurs distances à ce plan, mais pour longueur constante 40″ 2/3. Dans le plan de l'écliptique, l'ellipse se réduit à un arc de cette longueur ; or, cet effet commun à toutes les étoiles, résulte du mouvement de la terre combiné avec la vitesse de la lumière qui est de 77,000 lieues par seconde. On peut donc, dans ce cas de deux forces rectangulaires, calculer l'angle que nous avons dit être de 20″ 1/2 ; c'est la déviation maximum d'une étoile. Si la terre pendant une moitié de sa courbe, voit une étoile aberrer de droite à gauche, elle le verra aberrer en sens contraire pendant l'autre moitié : c'est l'aberration en longitude. Il y a aussi aberration en latitude pour les étoiles hors du plan de l'écliptique. Enfin, la valeur absolue de chaque instant d'aberration dépend des angles que forment avec les différents éléments de l'orbe terreste, les rayons visuels menés aux étoiles ; de là les diverses largeurs des petites ellipses d'aberrations ; mais les longueurs sont toujours de 40″ 2/3, double de la déviation maximum du rayon, à chaque instant, et qui représente cependant la déviation de toute une année, parce que les rayons, partis des deux extrémités de l'orbite de la terre se confondent dans l'espace, cette orbite pouvant être réputée un point. Ce dernier phénomène est tellement lié au mouvement de la terre, qu'on aurait pu le prévoir avant sa découverte par l'observation. Il est donc une démonstration de ce mouvement.

4° Le phénomène de la précession des équinoxes fournit une quatrième preuve. Il provient de ce que l'intersection de l'équateur avec l'écliptique se déplace dans le ciel et, rétrogradant contre l'ordre des signes, revient passer par le Soleil avant une année entière révolue. D'où résulte l'avancement des points équinoxiaux. En vertu de ce changement, les étoiles se déplacent par rapport à l'équateur et paraissent décrire des orbes parallèles à l'écliptique, ce qui constitue une période révolutionnaire de vingt-six mille ans. Ce fait nous conduit à deux remarques importantes. 1° Ce mouvement général de translation de toutes les étoiles dans une infinité de cercles parallèles à l'écliptique et avec des vitesses exactement proportionnées à leurs distances à l'axe de ce cercle suppose un accord incroyable à ajouter à ceux déjà mentionnés dans le système de Ptolémée ; ce qui le fait rentrer dans la première preuve. 2° On rend parfaitement raison du phénomène en lui-même et d'une manière fort simple, par la combinaison du double mouvement de la terre avec l'action solaire sur l'anneau équatorial, dont le déplacement donne toutes les circonstances de la précession ; donc ce double mouvement a lieu, puisque avec une autre hypothèse, la précession est inexplicable.

5° La rotation de la terre sur son axe peut seule expliquer plusieurs autres phénomènes astronomiques.

Parmi ceux-ci, je citerai : 1° l'aplatissement des pôles terrestres et le renflement de l'équateur. On ne peut expliquer physiquement cette forme que par l'action de la force centrifuge résultant de la rotation, sur son axe, d'une sphère primitivement fluide ; à l'appui de cette induction, on remarquera que Jupiter dont la rotation est beaucoup plus rapide que celle de la terre est aussi beaucoup plus aplati à ses pôles. 2° L'existence des vents alisés qui soufflent d'orient en occident dans la zone équatoriale : là, en effet, l'ai réchauffé et dilaté par la chaleur solaire, doit s'élever, à cause de la diminution de sa densité, ce qui ne peut arriver sans que l'air des autres zones n'afflue à l'équateur pour détruire l'effet de la raréfaction. Mais, l'air des régions polaires n'ayant que la faible vitesse de rotation qui convient à ces hautes latitudes, se trouve, par ce transport, dans une autre région dont tous les autres points ont un mouvement plus rapide que le sien. D'où il suit qu'un observateur, entraîné par le mouvement de la terre d'occident en orient, avec la vitesse équatoriale, froissera cet air qui ne circule pas aussi vite, et sentira nécessairement un courant en sens contraire d'Orient en Occident.

Il y aurait bien d'autres preuves à donner à l'appui du système de Copernic, mais nous pensons que celles que nous avons exposées sont suffisantes pour convaincre de sa vérité. Cependant, avant de passer aux objections et aux réponses, nous relaterons la belle expérience de M. Foucault, faite avec le pendule et datant de 1851, pour démontrer la rotation diurne de la terre.

Nous avons déjà parlé du pendule ; nous avons vu

qu'il consiste en un corps pesant, une boule métallique, par exemple, suspendue à l'extrémité d'un fil très-délié, lequel est attaché par son autre extrémité. En éloignant la boule de la position qu'elle occupe au repos, quand le fil est vertical, on sait que le pendule effectue des oscillations dans le plan vertical suivant lequel il a été écarté primitivement. Mais ce qu'a fait remarquer M. Foucault, c'est que ce plan primitif est variable, et que cette variabilité est liée au mouvement de notre globe. L'appareil tel que nous l'avons vu fonctionner au Panthéon à Paris, se composait d'une sphère en cuivre du poids de 2 kil. à peu près partout, une pointe en dessous. Cette boule était fixée à l'extrémité d'un fil d'acier attaché par l'autre bout en haut de la voûte de la coupole du Panthéon. Le fil métallique passait dans une plaque de suspension, et y était fixé de manière à ce que le système d'attache ne pût exercer aucune action sensible sur le plan d'oscillation. De petits monticules de sable fin, étaient disposés perpendiculairement au premier plan du mouvement, de façon que la pointe de la boule en cuivre venait démolir progressivement ces monticules en indiquant la déviation du plan des oscillations d'orient en occident. Observons de suite que ce plan est immobile et que c'est en réalité la terre qui tourne en sens inverse d'occident en orient. Ainsi, le plan d'oscillation semblant tourner dans un certain sens pour un hémisphère, il semblera tourner en un sens opposé dans l'autre hémisphère, et sur l'équateur se plan paraîtra immobile. Au pôle boréal, ce même plan semblerait tourner de l'est à l'ouest en vingt-quatre heures, tandis qu'au pôle austral, ce se rait de l'ouest à l'est que l'apparence de son déplacement se manifesterait. Cette expérience est une preuve directe de la rotation de la terre autour de son axe.

On objecte au système de Copernic : 1° que si la terre était en mouvement, nous sentirions ce mouvement. On peut répondre simplement que les causes qui nous font ordinairement sentir le mouvement, tel que le choc de l'air, l'agitation du sang et des humeurs, la fatigue des muscles etc., n'existent point ici : car l'air, le sang, les muscles, etc., sont animés d'une vitesse invariable commune à toute la matière du globe, puisqu'ils tournent avec les points de la terre auxquels ils sont contigus. Aussi, ne sent-on pas souvent des mouvements très-rapides, lorsque ces causes sont supprimées en partie ou altérées, comme lorsqu'on est sur un bateau en mouvement. Tout le monde peut constater que sur le pont d'un bateau à vapeur qui descend une rivière ou remonte le courant, on peut se promener comme s'il était en repos ; et que, si l'on arrête le mécanisme on perd l'équilibre, à moins qu'on ne se tienne en garde contre la secousse. D'ailleurs, toute sensation suppose contraste et comparaison, et nous avons toujours participé au mouvement de la terre. Nous ne pouvons donc comparer cet état à l'état contraire dans lequel nous ne nous sommes jamais trouvés, et qui, s'il se présentait, nous ferait sans aucun doute, éprouver une commotion pareille à celle d'un choc que nous subirions contrairement au sens de notre mouvement actuel, bien que nous passassions à l'état de repos.

2° Si, dit-on, la terre était en mouvement, les corps qui quittent sa surface, comme les pierres lancées verticalement en l'air devraient retomber en arrière vers l'occident, à une distance correspondante au déplacement de la terre jusqu'à la fin de leur chute ; ce qui donnerait à peu près 7 lieues par seconde; or, ils tombent au point de départ. On sait qu'un corps ainsi lancé du pied du mât d'un navire en marche retombe à ce pied ; ce fait incontestable prouve que l'objection est mal fondée. Voici maintenant l'explication de ce qui se passe alors : en partant du pied du mât, le corps est soumis à l'action de deux forces, savoir : celle qui le lance et la vitesse actuelle du vaisseau. Il doit donc prendre en descendant comme en montant, une impulsion suivant la diagonale du parallélogramme construit sur ces deux forces. Mais comme le mât lui-même a tous ses points en mouvement selon la vitesse horizontale du navire, le projectile, qui se meut horizontalement de la même quantité, doit toujours sembler contigu au mât, en sorte qu'il tombera à son pied. Par la même raison, les personnes du vaisseau verront le projectile se mouvoir suivant la verticale, tandis qu'un observateur immobile sur la côte remarquerait la ligne courbe qu'il trace dans l'espace. L'application de ces principes au mouvement de la terre est évidente. Il y a plus, les sommets des édifices traçant des circonférences d'un plus grand rayon que leurs bases, leurs vitesses sont plus considérables. D'où il suit que si, abstraction faite de cette circonstance, le mobile doit tomber du sommet de l'édifice à son pied, cet accroissement de vitesse du sommet doit porter le corps plus loin vers l'Orient et le faire tomber en avant du pied de l'édifice. C'est ce que l'on a constaté par expérience un grand nombre de fois ; et, malgré la petitesse de cette déviation, on ne peut guère objecter qu'elle se confond avec les erreurs d'observations, son sens étant toujours le même.

3° Si le soleil est au centre du monde et non la terre, celle-ci doit voir le ciel continuellement divisé par son horizon en parties inégales, ce qui est contraire à l'observation. Ensuite, l'axe de la terre restant toujours parallèle à lui-même, devrait, en passant d'une extrémité de l'orbite à l'autre, percer le ciel en des points différents. Or, il paraît percer constamment le ciel aux mêmes points, donc il est immobile. La réponse à cette double objection, revient à dire que les arcs célestes correspondant à la largeur de l'orbe de la terre sont inappréciables à la distance où nous voyons les étoiles. Celle-ci est pour ainsi dire infinie, puisque, d'une part, elles n'ont pas de parallaxe, et que, de l'autre un télescope qui fait voir les objets six mille fois plus gros, et par conséquent six mille fois plus proches de nous, n'augmente pas sensiblement le diamètre des étoiles.

CHAPITRE XV.

Comètes. — Leurs caractères distinctifs. — Courbes qu'elles décrivent. — Comètes périodiques. — Comète de Halley, de Biéla, de Pons, de Faye. — Idées anciennes sur les comètes, Apian, Fabricius, Charles-Quint. — Comètes depuis Newton, leur peu de poids.

Le mot comète vient du grec *Komè*, qui signifie chevelure. La partie lumineuse, plus ou moins éclatante, qui se trouve au centre d'une comète, s'appelle le *noyau*. La nébulosité, espèce de brouillard ou d'auréole qui entoure le noyau, est la *chevelure* ou la barbe. La tête de la comète est formée du noyau et de la chevelure. On sait que la plupart des comètes ont des traînées lumineuses, plus ou moins longues, ce sont des *queues*. Les comètes ont d'autres caractères distinctifs qu'il est bon de faire connaître : 1° elles sont douées de mouvements propres dirigés dans tous les sens ; 2° elles parcourent des courbes très-allongées ; 3° elles se transportent dans certaines parties de leur trajet à à des distances très-considérables de la terre, si bien, qu'elles cessent d'être visibles. Leur allure est des plus irrrégulières en apparence, elles franchissent en peu de temps des distances immenses, quand elles approchent du Soleil. On ne commence à les voir que quand leur distance au Soleil approche d'être égale au rayon de l'orbite terrestre. Il est probable que les comètes empruntent leur lumière du soleil, et nous la réfléchissent à la manière des planètes. Ceux de ces astres qui se sont approchés le plus de la terre, n'ont fait éprouver à notre globe aucune action sensible.

Le mouvement des comètes s'effectue dans des ellipses très-allongées ; ce qui fait que les astronomes supposent que ces astres décrivent des paraboles dans la partie de leur course voisine du soleil. En s'y prenant ainsi, ils calculent plus facilement les circonstances des mouvements cométaires, et quand un de ces astres revient, on peut connaître la durée de sa révolution. Les comètes périodiques, dont le retour a été constaté, ne sont pas nombreuses :

La première, dont le retour fut annoncé par Halley, avait été vue en 1531, 1607 et 1682. Elle revint en 1759 et 1835. Sa période varie entre 74 et 76 ans.

La comète de *Biela* a une période de 6 ans 3/4. Elle fut observée à Johannisberg et à Marseille, en 1826, au mois de février.

Une période de 3 ans 3/10 est assignée à la comète de Pons ou de Encke. Elle fut découverte en 1818, à Marseille. On l'avait vue en 1786, 1795, etc.

M. Faye, découvrit une comète qui porte son nom ; sa période est un peu inférieure à 7 ans 1/2.

On ne voit guère, dans les annales de la science, des observations régulières sur les comètes avant l'astronome Muller ou Regiomontanus, il en observa une en 1472.

Les idées les plus bizarres régnaient sur les apparitions des comètes : ainsi, Pierre Apian, astronome de Charles-Quint, croyait que les comètes se tenaient en dépôt dans quelque coin du ciel, et qu'elles venaient se montrer suivant les circonstances auxquelles elles étaient liées. Apian se laissa mourir de faim pour ne pas démentir la prédiction de sa mort qu'il avait cru lire dans les cieux.

La comète de 1556, observée par Fabricius, avait une queue qui ressemblait à la flamme d'une torche agitée par le vent. C'est cette comète qui alarma si fort l'empereur Charles-Quint, au point qu'il la considérait comme l'annonce de sa mort prochaine. C'est pourquoi il abdiqua en faveur de son fils Ferdinand.

C'est depuis Newton seulement, que les comètes ont perdu la plus grande partie de leur prestige. Ce grand homme fit voir qu'elles devaient être assimilées aux planètes, étant soumises aux mêmes lois. D'ailleurs, ces astres contiennent très-peu de matière ; on voit les étoiles les plus petites à travers leurs têtes, sans que la lumière subisse le moindre affaiblissement. D'après ce qu'en a dit M. Babinet, on peut conclure que toute la matière d'une comète ne pèse pas autant que le peu d'air renfermé dans la contenance d'une bouteille. On voit donc, d'après cela, combien il est ridicule et puérile de croire aux influences cométaires de quelque nature qu'on les suppose. Le choc d'une comète n'est pas plus à craindre pour notre globe que celui d'une bulle de savon.

CHAPITRE XVI.

Étoiles. — Leur nombre immense. — Les étoiles sont des soleils. — Leurs distances respectives; elles n'ont point de parallaxe; idée de leur distance à la terre. — Ordre de grandeur des étoiles. — Étoiles changeantes; étoiles doubles, constellations, etc.

Le nombre des étoiles qui parsèment le firmament est immense. A la simple vue on n'en voit qu'une très-petite quantité en comparaison de celles que l'on découvre avec les lunettes ou les télescopes. Ces corps célestes sont des soleils analogues à celui qui nous éclaire; ils sont lumineux par eux-mêmes. Les étoiles conservent sensiblement leurs distances respectives; c'est n'est qu'au bout de fort longtemps, que leurs mouvements propres, en apparence très-faibles, pourront altérer les formes des constellations. Les étoiles diffèrent encore des planètes par d'autres caractères; un des plus importants est qu'elles n'ont pas de *parallaxe,* ce qui veut dire qu'il y a parallélisme entre les lignes menées à une même étoile, par deux points aussi éloignés qu'on voudra sur la surface de la terre. Il y a beaucoup

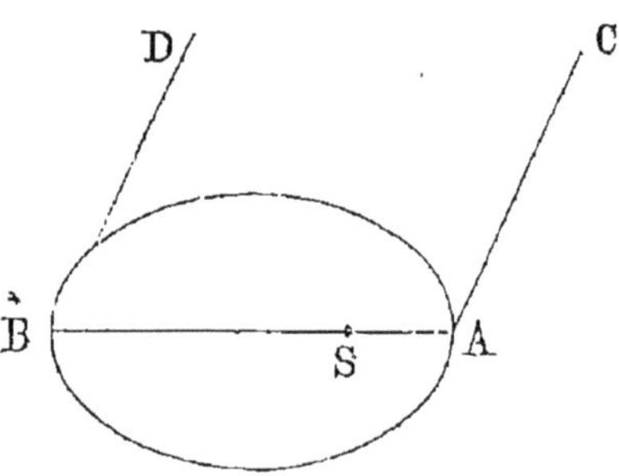

mieux que cela; supposez que des deux extrémités A et B du grand axe de l'orbite terrestre, on dirige deux rayons visuels AC, BD sur une même étoile. Eh bien, ces deux rayons AC, BD; seront parallèles, ces deux lignes ne formeront pas d'angle sensible à leur point de concours qui est l'étoile. En d'autres termes, cela signifie que la distance AB (qui est plus grande que 76 millions de lieues), est insensible ou extrêmement petite, comparée à la distance qui sépare la terre de l'étoile ! Pour se faire une idée, si cela est possible, de pareilles distances, nous dirons que la lumière, qui franchit 77 mille lieues en une seconde de temps, mettrait au moins dix années pour arriver d'une étoile jusqu'à nous ; c'est-à-dire une étoile qui s'éteindrait tout à coup, serait encore visible pendant au moins dix ans, temps nécessaire au dernier rayon qui partirait de l'étoile pour arriver jusqu'à la terre.

Les étoiles visibles à l'œil nu sont rangées en six classes ou grandeurs. Les étoiles de première grandeur ou les plus belles, les plus brillantes, sont au nombre d'une vingtaine. Les étoiles de seconde grandeur sont plus nombreuses, mais moins que celles de la troisième grandeur, et ainsi de suite. A partir de la sixième grandeur, les etoiles ne sont plus visibles qu'à l'aide d'instruments grossissants.

Il y a des étoiles dont la lumière change d'intensité ; d'autres qui ont apparu et qui se sont éteintes. Notre Soleil est une étoile comme les autres ; on a reconnu qu'il avait un mouvement propre, qu'il se dirigeait vers la constellation d'Hercule, emportant toutes ses planètes avec lui.

Il y a des étoiles doubles, formées par l'assemblage de deux étoiles très-voisines; on a constaté que la plus petite tournait autour de la grande. On connaît aussi des étoiles triples, etc.

Herschel a compté jusqu'à 300 mille étoiles dans un espace de la voie lactée large de quelques degrés seulement.

Constellations. — Étoile polaire, etc.

Les anciens ont formé des assemblages d'étoiles en cherchant à y voir des figures d'animaux ou d'objets quelconques; on les appelle des *constellations*. On a conservé cet usage et on en a ajouté beaucoup d'autres à celles qui étaient déjà connues. La principale constellation boréale est la *Grande-Ourse* (chariot du roi David); elle sert à faire trouver l'étoile polaire, ou la *Polaire,* située à 2 degrés à peu près du pôle boréal. On mène, par les deux dernières étoiles, α, β, de la Grande-Ourse, une ligne qu'on prolonge d'une quantité presque égale à la distance α η qui sépare la première et la dernière; on rencontre ainsi l'étoile α de la *Petite-Ourse*, et la plus brillante de cette constellation, c'est l'étoile polaire.

Les principales constellations boréales, après la Grande-Ourse et la Petite-Ourse, sont : *Cassiopée* (le *Trône*, la *Chaise*), *Pégase*, *Andromède*, *Céphée*, le *Cocher*, le *Bouvier*, la *Couronne*, la *Lyre*, le *Cygne*, l'*Aigle*, etc. Nous citerons parmi les constellations méridionales visibles sur notre horizon : *Orion*, la plus belle de toutes, les *Gémeaux*, le *lièvre*, la *Colombe*, le *Taureau*, la *Vierge*, etc. Pour nos climats, la Grande-

Ourse ne se couche jamais ; elle est formée de sept étoiles très-visibles (sans compter les autres), dont six sont de deuxième grandeur. Le corps de l'Ourse forme presque un carré ; les trois autres sont la queue.

La *Petite-Ourse* a la même forme que la grande ; mais elle ne contient qu'une étoile de deuxième grandeur qui est la Polaire.

Cassiopée, constellation qui reste toujours au-dessus de notre horizon, a la forme d'un Y. La *Chèvre* est dans le *Cocher; Arcturus* dans le *Bouvier*, *Aldébarun* dans le *Taureau*, etc. *Sirius*, la plus belle étoile du ciel, est dans le *Grand-Chien*.

CHAPITRE XVII.

Nébuleuses. — Définition. — Diverses espèces de nébuleuses. — Catalogues d'Herschel. — Forme des nébuleuses ; leur nombre. — Recherches à faire sur les nébuleuses ; elles renferment des centres d'attraction, etc. — Transformations qu'elles subissent ; leur volume. — Voie lactée.

Les taches blanchâtres, diffuses, qu'on aperçoit sur la voûte céleste, par une belle nuit sereine, sont ce qu'on nomme *nébuleuses*. Les nébuleuses *résolubles* sont celles dans lesquelles, à l'aide de grossissements suffisants, on parvient à distinguer des étoiles par groupes ou amas. Dans les autres nébuleuses, on ne peut pas distinguer d'étoiles ; la matière qui les constitue n'est pas encore arrivée dans un état de condensation suffisant. Huyghens observa la grande nébuleuse d'Orion en 1656 ; mais c'est Herschel qui en découvrit le plus grand nombre ; il fit des catalogues de 2500 nébuleuses. La forme circulaire est plus particulièrement celle des nébuleuses résolubles ; les étoiles dont elles sont formées y sont disposées avec régularité ; leur nombre n'est pas moindre que de 20 mille dans 10′ de diamètre. L'apparence nuageuse des nébuleuses non-résolubles se maintient dans les lunettes ; leurs formes ne sont pas régulières. Cependant la matière semble se condenser en certaines parties. « Cette condensation, dit Arago, est-elle l'effet d'une force attractive, analogue à celle qui maîtrise, qui régit tous les mouvements de notre système solaire? Tel est le magnifique problème dont nous devons maintenant chercher la solution. Dans l'avenir, il suffira d'un double coup d'œil jeté sur les nébuleuses de l'époque et sur les portraits, admirables de délicatesse et de fidélité, que les astronomes en font aujourd'hui, pour décider si le temps altère sensiblement les dimensions et les formes de ces groupes mystérieux; mais l'antiquité n'ayant laissé à cet égard aucun terme de comparaison, nous sommes réduits à attaquer le problème par des voies indirectes. Cependant, j'ai tout lieu d'espérer que la solution n'en paraîtra guère moins évidente. Les phénomènes que doit amener l'existence de divers centres d'attraction répandus sur toute l'étendue d'une seule et vaste nébuleuse, se développeront dans cet ordre. Çà et là, la disparition de la lueur phosphorescente; la naissance de solution de continuité, de déchirures dans le rideau lumineux primitif, résultat nécessaire du mouvement de la matière vers les centres attractifs, l'agrandissement des déchirures, c'est-à-dire la transformation d'une nébuleuse unique en plusieurs nébuleuses distinctes, peu distantes les unes des autres et liées quelquefois par des filets de nébulosité très-déliés; l'arrondissement du contour extérieur des nébuleuses séparées, une augmentation plus ou moins rapide de leur intensité de la circonférence au centre, la formation à ce centre d'un noyau très-apparent, soit par les dimensions, soit par l'éclat, le passage de chaque noyau à l'état stellaire avec la persistance d'une légère nébulosité environnante; enfin, la précipitation de cette dernière nébulosité, et, pour résultat définitif, autant d'étoiles qu'il y avait dans la nébuleuse originaire de centres d'attraction distincts. En combien de temps une seule et même nébuleuse pourrait-elle subir toute cette série de transformations? On l'ignore absolument. Ici, il faudrait peut-être des millions d'années ; là, avec d'autres conditions d'étendue, de densité et de constitution physique de la matière phosphorescente, des périodes beaucoup plus courtes seraient suffisantes, comme l'apparition de l'étoile nouvelle de 1572 semble l'indiquer. L'inégale rapidité des transformations conduit à une conséquence importante. En partant de cette base, il est évident que les nébuleuses, fussent-elles toutes du même âge, doivent, dans leur ensemble, offrir diverses formes. Vers telle région, les siècles auront à peine amené une accumulation visible de la matière phosphorescente autour de quelques centres d'attraction; vers telle autre région, grâce à un mouvement de concentration plus précipité, nous trouverons déjà des groupes de nébuleuses à noyau; des étoiles nébuleuses s'offriront enfin çà et là comme le dernier échelon conduisant aux étoiles proprement dites. Tous ces états de la matière nébuleuse indiqués par la théorie, l'observation les avait révélés d'avance. L'accord est aussi satisfaisant qu'on puisse le désirer. Seulement, au lieu de suivre les transformations pas à pas dans une nébuleuse unique, on en a constaté la marche et le progrès par des observations d'ensemble.

Il nous a suffi de grouper convenablement les diverses formes qu'affectent les nébuleuses diffuses pour arriver à la plus importante conclusion cosmogonique. A l'aide de la combinaison naturelle et sobre de l'observation et du raisonnement, nous avons établi, avec une grande probabilité qu'une condensation graduelle de la matière phosphorescente conduit, comme dernier terme, à des apparences sidérales ; que nous assistons, enfin, à la formation des étoiles. Cette idée hardie n'est pas aussi nouvelle qu'on se l'imagine. Je puis, par exemple, la faire remonter jusqu'à Tycho-Brahé. Cet astronome regardait, en effet, l'étoile nouvelle de 1572 comme le résultat de la récente agglomération d'une portion de la matière diffuse répandue dans tout l'univers qu'il appelait matière céleste. La matière céleste existait, suivant lui dans la voie lactée en plus grande abondance que partout ailleurs. Fallait-il donc s'étonner, disait-il, que l'étoile eût fait son apparition au milieu de cette bande lumineuse. Tycho voyait même un espace obscur, grand comme la moitié du disque de la lune, dans le lieu même où l'étoile s'était montrée. Il ne se souvenait pas de l'avoir remarqué auparavant. Képler, à son tour, composa l'étoile nouvelle de 1604 avec la matière agglomérée de l'éther. Cette matière parvenue à une condensation moins complète, lui semblait la cause physique de l'atmosphère dont le Soleil est enveloppé, et qui se manifeste sous les apparences d'une couronne faiblement lumineuse pendant toute la durée des éclipses totales du soleil.

Prenons une agglomération cubique de matière nébuleuse, dont le côté, vu de la terre, sous-tende seulement un angle de 10 minutes. Supposons que cette agglomération soit située dans la région des étoiles de 8me et 9me grandeur, le calcul montrera que son volume s'élèvera à plus de 2 trillions de fois celui du soleil. Ce résultat peut être mis sous cette autre forme : la matière diffuse contenue dans le cube de 10′ de côté après avoir été condensée plus de 2 trillions de fois, occuperait encore autant de volume que notre soleil. »

Voie lactée. — Définition. — Sa forme, son étendue ; idées anciennes sur la voie lactée. — Nombre d'étoiles de certaines parties de la voie lactée. — Opinion d'Herschel sur la constitution de la voie lactée.

La voie lactée forme, comme chacun peut le voir, une large bande lumineuse presque circulaire ; elle présente une bifurcation de 20° de longueur. Les anciens avaient sur la voie lactée des idées singulières ; Arago les rapporte en ces termes : (ann. du b. des long. p. 184).

« Elle avait vivement excité l'attention des premiers philosophes. Manilius décrit fort au long, dans son poëme, les constellations qu'elle traverse. Il fait connaître aussi la plupart des explications qu'on avait données d'un si important phénomène. Les fruits de l'imanation grecque, ceux qu'il serait possible de recueillir dans d'autres écrivains de l'antiquité, ne mériteraient pas aujourd'hui l'honneur d'un examen sérieux. Qu'importe à la science, je dirai presque qu'importe à son histoire, qu'Aristote ait dit de la voie lactée : qu'elle est un météore lumineux situé dans la moyenne région ? Quelqu'un désire-t-il savoir qu'on a été jusqu'à chercher l'origine de cette ceinture immense et blanchâtre dans les gouttes de lait qu'Hercule enfant laissa tomber du sein de Junon ; dans la trace embrasée que dut laisser le char de Phaéton, ou quelque astre sorti jadis subitement de sa place ordinaire et lancé à travers l'espace? Doit-on rappeler qu'Œnopidès et Métrodore croyaient que la voie lactée est la route que le Soleil abandonna jadis en se rapprochant de sa course zodiacale actuelle, et que, sur cette route, l'astre séjourna assez longtemps pour y laisser des marques de son passage? Depuis que les comètes ont brisé sans retour les sphères solides auxquelles les anciens attribuaient un si grand rôle dans le mécanisme de l'univers, on ne fait également aucune attention à un passage souvent cité de Macrobe; passage dans lequel cet auteur rapporte que Théophraste regardait la voie lactée comme la ligne de soudure des deux hémisphères qui, suivant lui, composaient la voûte céleste. La bizarrerie, l'absurdité de ces conceptions est une raison de plus d'insister sur ce qu'une pensée de Démocrite, reproduite et éclaircie par Manilius, offrait de subtil, d'ingénieux, de difficile à trouver. Suivant ce philosophe, si la voie lactée brille d'un vif éclat, c'est que les étoiles y sont trop pressées, ou leur distance trop prodigieuse pour qu'on puisse les discerner une à une; c'est que les images de tant d'autres fortement condensées se confondent. »

La voie lactée fut explorée par Herschel avec ses puissants télescopes : il compta 116 mille étoiles dans les endroits les mieux fournis, et dans le champ de son instrument; dans les parties les moins fournies, il n'en voyait que quelques-unes. Suivant cet astronome, des innombrables quantités d'étoiles formaient une *couche* comprise entre deux surfaces parallèles, sur une épaisseur beaucoup plus petite que les autres dimensions. Au centre de cette couche ou *strate*, à peu près, se trouverait notre Soleil avec ses planètes. En dirigeant ses regards dans le sens de la plus grande étendue de cet amas d'étoiles, il est évident qu'on doit voir un nombre considérable de celles-ci ; dans le sens de l'épaisseur, au contraire, on voit le nombre des étoiles diminuer de plus en plus. Telle serait l'organisation de cette énorme nébuleuse de laquelle nous faisons partie.

CHAPITRE XVIII

Histoire de l'astronomie depuis Copernic jusqu'à nos jours. — Copernic. — Tycho-Brahé. — Galilée ; emploi des lunettes. — Képler ; ses lois. — Descartes ; ses tourbillons. — Hévélius. — J. D. Cassini ; rotation des satellites de Jupiter ; aplatissement de cette planète ; satellites de Saturne ; lumière zodiacale ; libration de la lune. — Huyghens ; anneau de Saturne. — Newton ; principe de l'attraction universelle ; les comètes assimilées aux planètes ; perturbation planétaires. — Hallay ; comète périodique ; passage de Vénus sur le soleil. — Roëmer ; vitesse de la lumière. — La Caille ; réfractions atmosphériques. — Bradley ; aberration et nutation. — Société royale de Londres ; académie des sciences de Paris ; société royale de Berlin. — Picard ; mesure d'un arc du méridien. — Continuation de la méridienne par Cassini et La Hire ; Delambre et Méchain ; Biot et Arago, etc. — Système métrique. — Passage de Vénus sur le soleil ; l'abbé Chappe ; le capitaine Cook ; détermination de la parallaxe solaire ; distance de la terre au soleil ; Legentil. — Clairaut ; calcul du retour des comètes au soleil ; problème des trois corps. — D'Alembert. — Euler. — Lagrange. — Legendre — Bailly. — Herschel ; Uranus ; son grand télescope ; astronomie stellaire ; marche du soleil vers Hercule ; nébuleuses ; voie lactée, etc. — Laplace ; mécanique céleste ; inégalités du mouvement de la lune ; aplatissement de la terre ; stabilité du système solaire ; stabilité dans l'équilibre des mers ; théorie des marées ; comètes ; système cosmogonique. — Les petites planètes ; loi de Bode. — M. Leverrier ; Neptune. — Planète de M. Lescarbault. — Le P. Secchi ; les glaces de mars. — Arago ; éclipses ; constitution physique du soleil, etc. — M. Foucault ; pendule appliqué à prouver la rotation de la terre ; nouveau télescope ; nouvelle détermination de la vitesse de la lumière. — M. Liais ; observation de l'éclipse totale de soleil de 1858. — M. Bulard ; éclipse totale de soleil de 1861. — M. Struve ; étoiles doubles. — Comètes périodiques de 1858 ; comète de Donati ; comète de 1843. — M. Babinet ; masse des comètes ; nouvelles découvertes.

Nicolas Copernic est né à *Thorn*, dans la Prusse royale. Il puisa ses idées du vrai système du monde, dans les principes de Pythagore. Ce grand homme plaça le soleil au centre du monde ; il fit tourner autour de lui d'occident en orient, toutes les planètes y compris la terre, en leur donnant des mouvements de rotation sur leurs axes, dans le même sens. Il publia son système dans un livre intitulé : *Des révolutions célestes*, qu'il fit imprimer en 1543, à Nuremberg. Copernic brisa donc les cieux solides des anciens ; il rendit son hypothèse légitime en faisant voir qu'elle expliquait simplement les mouvements de tous les corps célestes.

Un peu plus tard, Tycho-Brahé, fit construire un observatoire dans son château d'Uranibourg ; il y fixa les positions de 777 étoiles. Frédéric II, roi de Danemark, se montra généreux à son égard ; il lui donna l'île Huène avec une forte pension. Tycho-Brahé croyait que le système de Copernic ne pouvait pas s'accorder avec le langage des écritures saintes ; c'est pourquoi il rétablit la terre au centre du monde en la laissant immobile. Afin de se débarrasser des difficultés qu'il rencontrait, il supposait que les planètes décrivaient des courbes épicycles, c'est-à-dire sur des circonférences formées elles-mêmes d'autres petites circonférences. Tycho fut très-célèbre comme observateur, c'est lui qui commença à apporter cette précision si nécessaire aux théories astronomiques.

Galilée, natif de Florence en 1564, vit, à l'aide d'une lunette, les quatre satellites de Jupiter ; il observa aussi les phases de Vénus. C'est à lui que l'on doit la détermination des lois de la pesanteur à la surface de la terre. C'est de cette époque que date véritablement la naissance de l'astronomie physique, à cause des nouveaux moyens d'investigation qu'offrait l'emploi des lunettes. On sait que Galilée soutint le système de Copernic. Il fut persécuté comme enseignant des principes contraires aux textes sacrés. Après sa publication des *Dialogues*, où il exposait les preuves du double mouvement de la terre, il fut obligé de se rétracter pour se conformer à la sentence prononcée contre lui. Le pape

Benoît XIV annula plus tard la sentence prononcée contre Galilée.

Le système de Tycho-Brahé ne satisfit pas *Képler*; de plus, il ne pouvait faire concorder les observations avec l'hypothèse des mouvements circulaires. C'est pourquoi Képler admit le système de Copernic et chercha les lois des mouvements planétaires. Après plus de vingt années d'essais infructueux, il eut enfin le bonheur de trouver ce qu'il cherchait. Ces lois, qui régissent le système planétaire, sont au nombre de trois, on peut les énoncer ainsi : 1° Les trajectoires des planètes sont des courbes planes, et, pour chacune d'elles, l'aire engendrée par le rayon vecteur parti du soleil et aboutissant à la planète est proportionnelle au temps. 2° Ces courbes sont des ellipses dont le soleil occupe l'un des foyers. 3° Les carrés des temps employés par les planètes pour faire leurs révolutions, sont entre eux comme les cubes des grands axes de leurs orbites.

Descartes parut en France, dans la première moitié du XVIIe siècle. Il est l'inventeur des tourbillons, dans lesquels il suppose le plein absolu, et une circulation générale de la matière autour de divers centres. Notre Soleil serait le centre d'un tourbillon.

Hévélius, de Dantzick, calcula les positions de 1553 étoiles; il découvrit la libration de la Lune.

Les mouvements de rotation des satellites de Jupiter furent découverts par Jean-Dominique Cassini, natif du comté de Nice. C'est encore lui qui trouva quatre des satellites de Saturne, la lumière zodiacale et l'aplatissement de Jupiter. Le phénomène de la libration de la lune lui est encore dû.

C'est à Huyghens, né en Hollande en 1629, que l'on doit la découverte de l'anneau de Saturne et de son 4e satellite.

L'époque à laquelle nous arrivons va voir l'astronomie changer de face. Il n'y aura plus rien d'arbitraire dans la recherche des mouvements célestes. Newton, né à Valstrope, en 1642, pensa que la pesanteur était la cause qui retenait la Lune dans son orbite. La découverte de l'attraction universelle en fut la suite; cette loi qui immortalise son auteur consiste en ceci : *Tous les corps s'attirent proportionnellement à leurs masses et en raison inverse des carrés de leurs distances.* Les lois de Képler sont une conséquence de ce principe qui devint la base de toute l'astronomie mathématique. Depuis Newton, les géomètres n'ont fait que développer les déductions de l'attraction universelle; ils virent de suite les grandes difficultés qu'il fallait surmonter pour déterminer le mouvement des trois astres seulement. L'ellipse, courbe très-simple décrite par une planète seule en présence du Soleil, était considérablement modifiée, en faisant intervenir un troisième corps, lequel attirant et attiré, troublait le mouvement de la première planète tandis que le sien était lui-même modifié. Cette question des *perturbations planétaires* ne fut pas résolue par Newton; il se borna à résoudre le problème dans le cas le plus simple, celui de deux corps. Grâce à la petitesse des masses de planètes comparées à celle du soleil, et à leurs grandes distances respectives, les successeurs de Newton ont pu aborder le problème des perturbations avec succès. S'ils ne l'ont pas résolu généralement, du moins ont-ils trouvé des méthodes d'approximation, qui permettent d'apporter toute la précision possible dans les calculs.

A l'époque de Newton, de brillantes découvertes furent faites : Roëmer trouva la vitesse de la lumière ; Halley prédit le retour de la comète qu'il observa en 1682. Il observa le passage de Mercure sur le soleil en 1677 ; il annonça le passage de Vénus sur le même

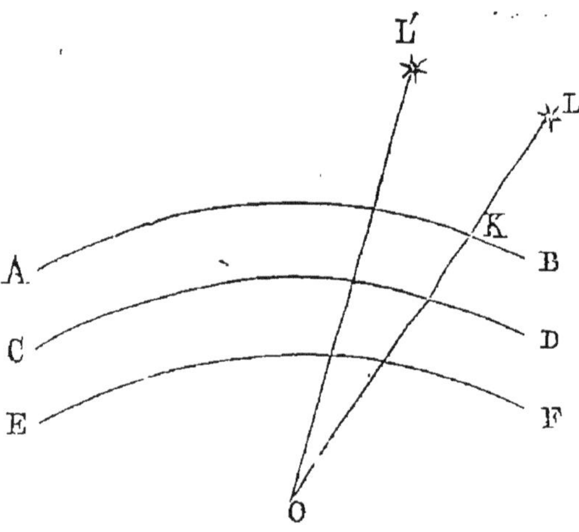

astre pour le 5 juin 1761, en fournissant une méthode pour en conclure la distance de la terre au soleil.

L'astronome La Caille travailla au tracé de la méridienne passant par l'Observatoire de Paris. Il s'occupa aussi des *réfractions atmosphériques*, et publia des tables depuis le lever d'un astre jusqu'à 89 degrés de hauteur. Pour comprendre ce phénomène, il suffit de considérer l'enveloppe atmosphérique comme formée de couches concentriques AB, CD, EF.... Une étoile L, envoyant un rayon LK, celui-ci sera refracté en passant dans notre atmosphère, c'est-à-dire qu'il prendra une direction qui élevera l'astre au-dessus de l'horizon. La succession de toutes ces réfractions, à travers toutes les couches d'air, occasionneront dans le rayon LK, une déviation générale en ligne courbe ; et ce rayon arrivera à l'œil O qui croira voir l'étoile en L' suivant la tangente OL' au point O de la courbe de réfraction.

Bradley découvrit l'aberration en 1727, dont il expliqua les conséquences en combinant la vitesse de la lumière avec celle de la terre dans son orbite. La *nutation*, sorte de balancement de l'axe de la terre, est aussi une découverte du même astronome.

La société royale de Londres fut fondée en 1660. L'académie des sciences de Paris, fut organisée en 1666; et à Berlin, la société royale était instituée en 1700, sous le roi Frédéric.

Picard se rendit à Uranibourg, en 1671, avec une mission de l'académie des sciences. Il mesura un arc de méridien et trouva 9 mille lieues de 2282 toises chacune, pour la longueur de la circonférence de la terre. Ce travail fut continué par D. Cassini et La Hire, jusqu'à Dunkerque et Collioure. D'un autre côté, Richer opérait, en 1672, dans l'île de Cayenne ; il y reconnut la variation de la pesanteur et constata qu'elle allait en augmentant, en s'avançant de l'équateur vers le pôle. La forme de la terre ne devait définitivement être fixée qu'après d'autres mesures méridiennes. Méchain, continua les travaux jusqu'à Barcelone, et Delambre opérait en même temps en France. Méchain fit une seconde expédition en Espagne pour prolonger la méridienne aux îles Baléares, mais il mourut pendant ce temps, et les astronomes Biot et Arago, terminèrent cette opération de 1806 à 1808. Beaucoup d'autres puissances chargèrent des savants de concourir à ces importantes opérations. L'arc français qui aboutit à l'île de Formantara, va dans le Nord jusqu'à Greenwich.

Un arc septentrional fut aussi mesuré en Laponie par une commission française en 1736; Maupertuis, Clairaut, Lemonnier, Outhier et Camus la formaient. Une autre commission agissait au Pérou, en même temps que la précédente; elle était composée de La Condamine, Bougueur, Godin et deux officiers espagnols. De toutes les mesures qui furent faites, on en a déduit la valeur du degré moyen; il est de 25 lieues anciennes, chacune de 2280 toises. En 1790, l'académie des sciences, chargée de fournir les bases d'un nouveau système de poids et mesures, adopta en principe la mesure du méridien, dont la dix millionième partie fut prise pour point de départ. C'est alors que Delambre et Méchain entreprirent le travail.

Le passage de Vénus sur le disque solaire en 1761 et en 1769, a été observé en Californie par l'abbé Chappe, académicien. Le capitaine Cook se rendit à O'Tahiti pour le même motif. D'autres savants prirent leurs stations dans d'autres contrées; et de toutes ces observations, on en déduisit 8",58 pour le parallaxe solaire; cela correspond à une distance de la terre au Soleil égale à 38,230,496 lieues de 4 kilomètres. Arago raconte dans une notice de l'annuaire du bureau des longitudes que Legentil s'embarqua en 1761, par ordre de l'académie, pour observer le passage de cette année à

Pondichéry. Par les hasards de la mer, il n'était pas encore arrivé quand ce passage s'effectua ; il prit alors la résolution héroïque d'attendre huit années, afin d'observer dans la même ville le passage de 1769 ; mais, comme pour montrer toute l'étendue du sacrifice fait par le célèbre académicien, un petit nuage cacha le Soleil tout juste le temps nécessaire pour empêcher de voir le phénomène.

Clairaut calcula exactement la marche de la comète de Halley, et fixa son retour pour 1859, en désignant les constellations où elle serait visible. C'était encore un grand pas de fait ; les comètes devenaient des espèces de planètes, soumises comme ces dernières aux lois de la gravitation. Parmi les travaux importants dont la science est redevable à ce géomètre, on doit encore citer la solution qu'il donna le premier du problème *des trois corps*.

La question de la figure de la terre occupa aussi d'Alembert, Tuler, Legendre, etc. D'Alembert donna l'explication mathématique du phénomène de la précession des équinoxes, et Lagrange rattacha également la *libration de la lune* à la théorie de Newton.

Il y eut encore des hommes remarquables, tels que Bailly, victime de la tourmente révolutionnaire, etc. ; mais nous sommes obligés de nous restreindre, pour ne pas donner à ce travail une étendue trop grande.

Herschel, né à Hanovre en 1738, est peut-être le plus grand astronome observateur qui ait existé. Il construisait lui-même ses télescopes, et découvrit la planète Uranus en 1781. Il reçut une pension viagère du roi Georges III, avec une habitation à Slough ; c'est là qu'il fit ses belles découvertes. Il fit un grand télescope de 12 mètres de long et de 1,47 mètre de diamètre. « Les journaux anglais, dit Arago, ont rendu compte des dispositions que la famille de William Herschel vient d'adopter pour assurer la conservation des restes du télescope de 39 pieds anglais (Annuaire du bureau des longitudes pour 1842). Le tube en bronze de l'instrument, portant à son extrémité le miroir de 4 pieds 10 pouces de diamètre récemment nettoyé, a été placé horizontalement, suivant la ligne méridienne, sur de solides piliers en maçonnerie, au milieu du cercle où jadis existait le mécanisme nécessaire à sa manœuvre. Le 1er janvier 1840, sir John Herschel, sa femme, leurs enfants, au nombre de sept, quelques anciens serviteurs de la famille, se réunirent à Slough. A midi précis, l'assemblée fit plusieurs fois processionnellement le tour du monument ; ensuite elle s'introduisit dans le tube, se plaça sur des banquettes préparées d'avance pour la recevoir, et entonna un *requiem* en vers anglais, composé par John Herschel lui-même. Après sa sortie, la société se rangea en cercle autour du tuyau, et l'ouverture fut scellée hermétiquement. La journée se termina par une fête de famille..... »

Herschel perfectionna considérablement l'astronomie stellaire. Il trouva le mouvement de notre système solaire vers la constellation d'Hercule. Il forma des catalogues de 2500 nébuleuses; avant lui on n'en connaissait que 96. Nous avons déjà eu l'occasion d'exposer sommairement ses travaux sur les nébuleuses et sur la voie lactée ; nous n'y reviendrons pas. C'est encore ce grand observateur qui avança l'hypothèse de la constitution physique du soleil, démontré plus tard par Arago (*voy.* Soleil). Le P. Secchi s'occupa aussi avec succès de cette question. Herschel mesura la hauteur de plusieurs montagnes de la lune, s'occupa des planètes, détermina l'aplatissement et la rotation de plusieurs, et fit d'autres découvertes non moins importantes, mais que nous ne pouvons pas toutes énoncer.

A côté d'Herschel, nous placerons le marquis de Laplace, non comme observateur, mais comme astronome géomètre. Il soumit les plus grandes questions au calcul de l'analyse mathématique, et fut le plus grand des continuateurs de Newton. Ses découvertes sont consignées dans ses ouvrages, dont le plus important est la mécanique céleste. Nous n'entreprendrons pas de les analyser, mais nous allons tâcher de donner une idée des principales.

En étudiant la théorie de la lune, il découvrit des inégalités qui l'amenèrent à fixer l'aplatissement de la terre ; il trouva 1/305, c'est la valeur de la différence des deux diamètres de l'équateur et des pôles. Il fit voir que l'accélération du mouvement de la lune, se changerait en ralentissement, et ainsi de suite, sans jamais dépasser certaines limites. Laplace établit encore la stabilité du système solaire : le grand axe de chaque orbite est constant et n'est soumis qu'à de petites variations périodiques ; en sorte que la durée du temps de la révolution de chaque planète est permanente. Laplace a démontré que l'équilibre de l'Océan est stable ; et il a rattaché la théorie des marées au mouvement de la Lune. D'après cette théorie, les marées entrent dans le domaine de la gravitation universelle ; cet illustre astronome en a déduit la masse de notre satellite, égale à la soixante-quinzième partie de celle de la terre.

Les comètes étaient, pour Laplace, étrangères au système solaire ; il les assimilait à de petites nébuleuses à noyaux, errantes dans l'espace et passant d'un système d'attraction à un autre. On doit à Laplace un *système cosmogonique* (organisation de l'univers) qui ne manque pas de vraisemblance. « Dans l'état primitif où nous supposons le soleil, dit Laplace, il ressemblait aux nébuleuses que le télescope nous montre composées d'un noyau plus ou moins brillant, entouré d'une nébulosité qui, en se condensant à la surface du noyau, doit le transformer un jour en étoile. Si l'on conçoit, par analogie, toutes les étoiles formées de cette manière, on peut imaginer leur état antérieur de nébulosité précédé lui-même par d'autres états dans lesquels la matière nébuleuse était de plus en plus diffuse, le noyau étant de moins en moins lumineux et dense. On arrive ainsi, en remontant aussi loin qu'il est possible, à une nébulosité tellement diffuse que l'on pourrait à peine en soupçonner l'existence. Tel est, en effet, le premier état des nébuleuses que Herschell a observées avec un soin particulier, au moyen de ses puissants télescopes, et dans lesquelles il a suivi les progrès de la condensation, non sur une seule, ces progrès ne pouvant devenir sensibles pour nous qu'après des siècles, mais sur leur ensemble ; à peu près comme on peut, dans une vaste forêt, suivre l'accroissement des arbres sur les individus des divers âges qu'elle enferme. Il a d'abord observé la matière nébuleuse répandue en amas divers dans les différentes parties du ciel dont elle occupe une grande étendue. Il a vu dans quelques-uns de ces amas cette matière faiblement condensée autour d'un ou de plusieurs noyaux peu brillants. Dans d'autres nébuleuses, ces noyaux brillent davantage relativement à la nébulosité qui les environne. Les atmosphères de chaque noyau venant à se séparer par une condensation ultérieure, il en résulte des nébuleuses multiples formées de noyaux brillants très-voisins et environnés chacun d'une atmosphère; quelquefois la matière nébuleuse, en se condensant d'une manière uniforme, produit les nébuleuses que l'on appelle planétaires. Enfin, un plus grand degré de condensation transforme toutes ces nébuleuses en étoiles. Les nébuleuses, classées d'après cette vue philosophique, indiquent avec une extrême vraisemblance leur transformation future en étoiles et l'état antérieur de nébulosité des étoiles existantes. »

Le commencement du XIXe siècle fut signalé par la découverte des quatre petites planètes, Cérès, Pallas, Junon et Vesta. Ces planètes, circulant entre Mars et Jupiter sont remarquables par leur petitesse et par les grandes inclinaisons sur l'éliptique des plans de leurs orbites. Elles sont venues remplir la lacune signalée par la loi de Bode.

Voici en quoi consiste cette loi :

Si on écrit les nombres 0, 3, 6, 12, 24, 48, 96, 192, et si on leur ajoute chacun le même nombre 4, on obtient 4, 7, 10, 16, 28, 52, 100, 196. Si 4 représente la distance de Mercure au soleil, les autres nombres indiqueront à peu près les distances des autres planètes au même astre. Ainsi, 7 correspond à Vénus, 10 à la terre, etc. Il n'y avait que 28 qui ne correspondait à rien. C'est cette lacune qui fut remplie par les planètes télescopiques.

A la fin de 1845, M. Enke découvrit une autre petite planète, c'est *Astrée*. Depuis on en découvrit beaucoup d'autres, et leur nombre est près de 80.

Mais là ne s'est pas borné le progrès de la science, à propos des planètes. M. Leverrier en découvrit une autre, plus grosse qu'Uranus, et située aux dernières limites du système solaire. C'est par le secours seul du calcul que cet astronome fut amené à cette importante découverte. Le 23 septembre 1846, M. Galle, vit cet astre dans la région du ciel indiquée par le calcul. On lui a donné le nom de *Neptune*.

Un autre fait, non moins important que le précédent, s'est produit à la fin de l'année 1859. M. Leverrier communiqua à l'Institut, le 2 janvier 1860, une lettre de M. Lecarbault, dans laquelle ce dernier annonçait qu'il avait vu le passage d'un point noir sur le soleil; il l'attribuait à une planète plus rapprochée du soleil que Mercure. M. Leverrier, après s'être rendu à Orgères, résidence de l'observateur, déclara que tout faisait supposer que l'annonce de M. Lescarbault était un fait acquis à la science. Ainsi, nous voilà dans l'espérance de posséder, bientôt peut-être, une nouvelle planète de première importance.

Le directeur de l'observatoire romain, le P. Secchi, a communiqué dernièrement des observations intéressantes sur la planète Mars. En 1858, cet astronome habile s'occupa de l'exécution d'une image de Mars; il constata des différences notables avec les figures de Macdler, principalement vers les pôles. La figure actuelle de Mars, comparée à celle de 1858, indique la disparition des grandes taches blanches; elles sont remplacées par de belles surfaces roses parcourues par les canaux bleus de la peinture. Ce sont donc des amas de neige ou de nuages condensés aux pôles de Mars, pendant la durée de son hiver; elles se sont dissipées ou fondues à l'époque de l'été de son pôle austral. Probablement que les canaux bleus sont des mers. Quant aux continents, ils sont indiqués par les taches rouges.

Arago était surtout un grand physicien; comme observateur il s'est distingué en astronomie physique. Il observa des éclipses, mit en évidence la constitution physique du soleil, etc. Arago possédait à un haut degré le talent d'élucider les questions les plus ardues. Ses nombreuses notices scientifiques en font foi. On peut hardiment dire de lui, que c'était le vulgarisateur de la véritable science. Cet homme illustre encouragea de tout son pouvoir les artistes français, il contribua beaucoup à enrichir l'Observatoire de Paris de beaux et bons instruments.

Les instruments d'astronomie ont acquis une grande perfection. La construction des chronomètres ou montres marines, surtout, semble ne plus rien laisser à désirer. Il n'en est pas tout à fait de même à l'égard des instruments grossissants, tels que les lunettes. M. Foucault, a depuis peu de temps remplacé avec avantage les lunettes par les télescopes. Ce physicien ingénieux, déjà connu par de nombreux travaux, et principalement par sa démonstration directe de la rotation de la terre au moyen du pendule (voyez chap. XIV), s'est occupé avec succès de la construction des télescopes. Son nouveau télescope à miroir en verre argenté, est exempt d'aberration de réfrangibilité, et il comporte un plus grand diamètre que la lunette. Une fois que le miroir en verre est taillé et poli, il le recouvre de la couche métallique. A sa sortie du bain où elle est formée, on lui fait acquérir un très-vif éclat, par un frottement bien exécuté. La surface du verre devient ainsi très-énergiquement réfléchissante. Ce télescope est moitié plus court qu'une lunette de même diamètre. A longueur égale, il comporte un diamètre double et recueille trois fois et demi plus de lumière.

M. Foucault, a fait tout récemment une nouvelle détermination de la vitesse de la lumière. Elle serait réduite à 74 mille lieues et demie par seconde. La distance de la terre au soleil, devrait ainsi subir une diminution de 1/30 ou de 1,261,000 lieues.

M. Emm. Liais, qui avait été chargé d'une mission scientifique pour le Brésil, par son Exc. M. le ministre de l'instruction publique, observa l'éclipse totale de soleil du 7 septembre 1858. Il se trouvait à Paranagua, ville située à 150 lieues de Rio-Janeiro, et à 2,500 lieues de France. « L'expédition, dit-il, partit de Rio le 18 août, et, après avoir essuyé, dans la soirée du 19, un *pampero* ou coup de vent du sud-ouest, elle arriva dans la baie de Paranagua le 20 août à la nuit tombante. Cette baie immense, qui n'a pas moins de 9 lieues de profondeur, est cependant une des moins fréquentées. Immédiatement après son arrivée, la commission s'occupa de chercher une station convenable pour l'érection de son observatoire sur la ligne centrale de l'éclipse. Le matin du 7 septembre, le ciel était pluvieux, mais il s'est découvert pour le phénomène qui s'est montré dans toute sa splendeur. Lorsque la lune eut recouvert le soleil aux trois quarts, les colorations changèrent ; une teinte jaune commença à se répandre sur les objets terrestres, et le ciel prit une admirable couleur bleue d'azur foncé. Plus tard il s'assombrit davantage, et la mer et l'écume blanche des vagues, brisant au rivage, devinrent jaune soufre. Toute la nature avait un aspect effrayant. Les oiseaux cessèrent de voler et de chanter ; les insectes même discontinuèrent leurs bruits. Bientôt il ne resta plus qu'un seul point solaire qui produisait l'effet d'une lumière électrique éclairant la baie et la campagne ; les ombres étaient aussi nettes et aussi définies qu'avec cette lumière. Enfin, ce point s'éteignit, et le spectacle changea comme par enchantement ; l'obscurité du crépuscule succéda au jour ; on vit plusieurs étoiles, et, au lieu du point solaire, on aperçut le cercle noir de la lune entouré d'une brillante couronne... Cependant nous ne pouvons passer sous silence un phénomène fort étrange... Tous les observateurs de la station centrale, à l'exception de M. d'Azambuja qui observait à bord du *Don Pedro II*, à 200 brasses nord-nord-est de la station, ont manqué le second contact intérieur. D'après les éphémérides, l'éclipse devait durer 112 secondes : en réalité, elle n'en a duré que 72, et le soleil a reparu 42 secondes avant l'instant où on l'attendait. Surpris au milieu de leurs études sur l'auréole et les protubérances par le retour imprévu du soleil, les observateurs de la station centrale n'ont pu compléter l'observation astronomique du phénomène ; ils ont ainsi perdu une occasion précieuse de photographier l'auréole et les protubérances les plus extraordinaires que l'on ait encore vues... »

L'éclipse totale de soleil du 31 décembre 1861 fut observée par M. Bulard, en Algérie, à Ouargla. Il partit pour le désert le 3 décembre et ne fut de retour de cette excursion que six mois après. Le 29 décembre, il arrivait à Ouargla, à force de marches presque forcées. M. Bulard eut soin de déterminer les positions de tous les points principaux de son parcours.

Les étoiles doubles et multiples ont été de la part des astronomes modernes l'objet d'une étude sérieuse. Après Herschel, qui s'en est occupé le premier avec soin, on doit citer M. Struve, qui a catalogué 3,057 étoiles doubles.

Nous avons réservé pour la fin ce qu'il nous restait à dire des comètes. Elles ont été étudiées avec soin dans ces derniers temps.

Il y a quelques comètes périodiques bien connues, comme nous l'avons dit ; mais, parmi les plus récentes, on en trouve deux sur les six qui ont paru en 1858 dont on a pu fixer la période. La comète de M. Donati, qui eut une longue apparition, a présenté des phénomènes très-importants, relativement à la constitution physique. Le nombre des comètes apparues depuis Jésus-Christ est de plus de 600. A la date du 31 décembre 1831, dit Arago, le catalogue des comètes renfermait les éléments de 137 de ces astres, sans compter les réapparitions constatées.

Le grande comète de 1843 s'approcha jusqu'à 1/7 du diamètre du soleil. La vitesse extraordinaire qu'elle avait dans le voisinage de son périhélie fut cause qu'elle offrit des particularités frappantes. Elle décrivit un arc de 292 degrés du 27 au 28 février. Dans cette soirée, elle traça toute la proportion boréale de son orbite, et en 2 heures 11 minutes, elle passa de son nœud ascendant à son nœud descendant. A la même époque, elle se trouva deux fois en conjonction avec le soleil; la première fois à 9 heures 25 minutes, et la seconde fois à 12 heures 15 minutes, en passant entre la terre et le soleil.

On se rappelle qu'en 1857, le bruit courait qu'un astronome avait annoncé la fin du monde, à l'occasion d'une comète qui devait, le 13 juin, heurter la terre. M. Babinet, pour dissiper les craintes et les commentaires, voulut démontrer la nullité des *riens visibles.* On savait pertinemment que des étoiles avaient été vues à travers certaines comètes, sans éprouver d'altérations sensibles dans leur état. Cela faisait supposer le peu de valeur de la masse de ces astres. Mais, par une discussion facile, le savant académicien fit voir que l'atmosphère terrestre éclairée par la lune est 900 mille fois plus brillante que la matière cométaire existante dans le ciel en plein soleil. Or, la lumière du soleil a une intensité de 800 mille fois plus grande que celle de la pleine lune, d'après M. Wollaston; d'où il résulte que notre atmosphère éclairée par le soleil serait 720 milliards de fois plus brillante que la comète. Cherchant plus tard à mesurer l'absorption de la lumière au travers des comètes, M. Babinet arrive à ce résultat surprenant, c'est que pour assimiler la substance cométaire à de l'air atmosphérique dilaté, il faudrait ramener la densité de celui-ci à une densité exprimée par une fraction qui aurait l'unité pour numérateur et pour dénominateur un nombre plus grand que l'unité suivie de 125 zéros !

Les comètes ont été, dans ces derniers temps, étudiées avec un soin tout particulier. MM. Bond, M. Chacornac, etc., ont suivi toutes les particularités des dernières apparitions. De plus, M. Faye, savant astronome de l'Académie des sciences, est parvenu à rattacher à la théorie toutes les phases des observations; lui et M. Roche, en admettant une force répulsive partant du soleil et analogue à celle développée par la chaleur sur une masse gazeuse, ont à peu près résolu le problème des phénomènes cométaires.

D'autres découvertes importantes ont encore enrichi la science: telle est l'analyse spectrale des astres, qui permet, au moyen des propriétés de la lumière, de constater les substances vaporisées dans l'atmosphère du soleil et dans les étoiles. C'est à Fraunhofer et Wolaston qu'il faut attribuer le mérite de cette découverte.

Les nébuleuses variables trouvées par M. d'Arrest, et les compagnons de Sirius, annoncé par Bessel et vu pour la première fois par M. A. Clark, sont encore des acquisitions scientifiques qui ont suivi de près la théorie complète de M. Delaunay sur le mouvement de la lune. Toutes les variations dans le mouvement de notre satellite ont été expliquées par lui et rattachées à la théorie, on peut dire qu'il n'y a plus rien à faire sur ce sujet, depuis le travail du savant académicien français.

CONCLUSION.

Notre but, en écrivant ce livre, a été d'initier le lecteur aux notions d'astronomie les plus élémentaires ; cependant, nous pensons qu'elles suffisent pour donner une idée de la grandeur du spectacle de la nature. Les innombrables corps célestes qui parsèment l'espace infini dans lequel nous plongeons nos regards suivent tous les lois de la création de notre système solaire ; car ceux que les observateurs ont pu suivre dans leurs mouvements, obéissent à l'attraction universelle. Les planètes qu'on a pu étudier à l'aide d'instruments grossissants, ont aussi présenté des phénomènes analogues à ceux que nous observons sur la terre. On est ainsi forcé de reconnaître l'universalité et la permanence de principes destinés à maintenir l'ordre, la régularité et l'harmonie qui règnent entre toutes les parties du grand tout. C'est dire en d'autres termes que l'astronomie élève l'âme, éclaircit les idées et force l'homme à reconnaître la puissance d'une intelligence suprême, à s'incliner devant Dieu. Il faudrait, pour en méconnaître l'évidence, supposer que le hasard fût réel et que la matière fût douée d'une force créatrice, ce qui reviendrait, en définitive, à nier la conscience, le sentiment et la raison ;

ce serait vouloir renouveler les vaines disputes qui ont si longtemps rempli les loisirs de certaines sectes, et donner gain de cause à toutes les absurdités issues d'imaginations déréglées, ou d'esprits aussi faux que la mauvaise foi peut être grande.

Reconnaissons donc que si la valeur matérielle de notre monde terrestre est petite, l'intelligence humaine est vaste, et qu'elle nous a été donnée pour nous élever à la contemplation des beautés naturelles, afin d'admirer et d'adorer la Providence dans les bienfaits qu'elle nous prodigue.

FIN.

TABLE DES MATIÈRES

CHAPITRE II.

CHAPITRE III.

CHAPITRE IV.

CHAPITRE V.

CHAPITRE VI.

CHAPITRE VII.

CHAPITRE VIII.

CHAPITRE IX.

CHAPITRE X.

CHAPITRE XI.

CHAPITRE XII.

CHAPITRE XIII.

CHAPITRE XIV.

CHAPITRE XV.

CHAPITRE XVI.

CHAPITRE XVII.

CHAPITRE XVIII.

FIN DE LA TABLE DES MATIÈRES.

Clichy. — Imp. de Maurice Loignon et Cie, rue du Bac-d'Asnières, 12.

www.ingramcontent.com/pod-product-compliance
Ingram Content Group UK Ltd.
Pitfield, Milton Keynes, MK11 3LW, UK
UKHW022108190726
13855UKWH00002B/720

9 782013 088350